BEZOUT.

ÉLÉMENS

d'Arithmétique

A L'USAGE

DE LA MARINE, DE L'ARTILLERIE,
ET DU COMMERCE,

SUIVIS

DE NOUVELLES NOTES EXPLICATIVES,

ET AUGMENTÉS

DE L'EXPOSITION DU NOUVEAU SYSTÈME DES POIDS ET MESURES.

Nouvelle Édition.

A PARIS,

CHEZ DIDIER, LIBRAIRE, QUAI DES AUGUSTINS.

LIMOGES,

CHEZ MARTIAL ARDANT ET FILS, IMPRIMEURS-LIBRAIRES.

1834.

AVIS.

LES Cours à l'usage de la Marine et de l'Artillerie de BEZOUT, ne diffèrent que par les applications. Dans les Éditions précédentes du Cours à l'usage de la Marine, j'avais placé les applications à l'Artillerie à la fin de chaque volume.

Dans cette nouvelle Édition, ces Applications sont intercalées dans le texte même, et désignées par un plus petit caractère, ce qui est beaucoup plus commode. Par cet arrangement, les deux Cours de BEZOUT sont réunis en un seul.

Les nombres que l'on trouve entre deux parenthèses, dans plusieurs endroits de ce livre, sont destinés à indiquer à quel numéro on doit aller chercher la démonstration de la proposition sur laquelle on s'appuie dans ces endroits. A l'égard des numéros, ils sont au commencement des *alinéa*.

Mon Commentaire est un Ouvrage suivi, dans lequel j'expose les principes de l'Arithmétique. J'ai démontré rigoureusement plusieurs principes fondamentaux de cette science qui ne l'avaient été jusques ici dans aucun de nos livres élémentaires.

ÉLÉMENS

D'ARITHMÉTIQUE.

Notions préliminaires sur la nature et les différentes espèces de nombres.

1. **On** appelle, en général, *quantité*, tout ce qui est susceptible d'augmentation et de diminution. L'étendue, la durée, le poids, etc. sont des quantités. Tout ce qui est quantité est de l'objet des Mathématiques ; mais l'Arithmétique, qui fait partie de ces sciences, ne considère les quantités qu'en tant qu'elles sont exprimées en nombres.

2. L'Arithmétique est donc la science des nombres : elle en considère la nature et les propriétés ; et son but est de donner des moyens aisés tant pour représenter les nombres que pour les composer et les décomposer ; ce qu'on appelle *ca'culer*.

3 Pour se former une idée exacte des nombres, il faut d'abord savoir ce qu'on entend par *unité*.

4. L'unité est une quantité que l'on prend (le plus souvent arbitrairement) pour servir de terme de comparaison à toutes les quantités d'une même espèce : ainsi, lorsqu'on dit, un tel corps pèse cinq *livres*, la livre est l'unité, c'est la quantité à laquelle ou compare le poids de ce corps : on aurait pu également prendre l'once pour unité, et alors le poids de ce corps eût été marqué par quatre-vingts.

5 Le nombre exprime de combien d'unités ou de parties d'unité une quantité est composée.

Si la quantité est composée d'unités entières, le nombre qui l'exprime s'appelle *nombre entier* ; et si elle est composée d'unités entières et de parties de l'unité, ou simplement de parties de l'unité, alors le nombre est dit *fractionnaire* ou *fraction* : trois et demi font un nombre fractionnaire ; *trois quarts* sont une fraction.

6. Un nombre qu'on énonce sans désigner l'espèce des unités, comme quand on dit simplement *trois* ou *trois fois*, *quatre* ou

quatre fois s'appelle un *nombre abstrait*; lorsqu'on énonce en même temps l'espèce des unités, comme quand on dit *quatre livres*, *cent tonneaux*, on l'appelle *nombre concret.*

Nous définirons les autres espèces de nombre à mesure qu'il en sera question.

De la numération et des décimales.

7. La numération est l'art d'exprimer tous les membres par une quantité limitée de noms et de caractères : ces caractères s'appellent *chiffres*.

Nous nous dispenserons de donner ici le nom des nombres ; c'est une connaissance familière à tout le monde.

8. Les caractères dont on fait usage dans la numération actuelle et les noms des nombres qu'ils représentent, sont tels qu'on les voit ici.

zéro, un, deux, trois, quatre, cinq, six, sept, huit, neuf.
  0   1   2   3   4   5   6   7   8   9.

Pour exprimer tous les autres nombres avec ces caractères, on est convenu que de dix unités on en ferait une seule, à laquelle on donnerait le nom de *dizaine*, et que l'on compterait par dixaines comme on compte par unités, c'est-à-dire, que l'on compterait deux dixaines, trois dizaines, etc., jusqu'à 9 : que pour représenter ces nouvelles unités on emploierait les mêmes chiffres que pour les unités simples, mais qu'on les en distinguerait par la place qu'on leur ferait occuper, en les mettant à la gauche des unités simples.

Ainsi, pour représenter *cinquante-quatre*, qui renferment cinq dixaines et quatre unités, on est convenu d'écrire 54. Pour représenter *soixante*, qui contiennent un nombre exact de dixaines et point d'unités, on écrit 60, en mettant un zéro, qui marque qu'il n'y a point d'unités simples, et détermine le chiffre 6 à marquer un nombre de dixaines. On peut, par ce moyen, compter jusqu'à *quatre-vingt-dix-neuf* inclusivement.

9. Remarquons, en passant, cette propriété de la numération actuelle : savoir, qu'un chiffre placé à la gauche d'un autre, ou suivi d'un zéro, représente un nombre dix fois plus grand que s'il était seul.

10. Depuis 99 on peut compter jusqu'à *neuf cent quatre-vingt-dix-neuf*, par une convention semblable. De dix dixaines, on composera une seule unité qu'on nommera *centaine*, parce que dix fois

dix font cent ; on comptera ces centaines depuis un jusqu'à neuf, et on les représentera par les mêmes chiffres , mais en plaçant ces chiffres à la gauche des dixaines.

Ainsi pour marquer *huit cent cinquante-neuf* , qui contiennent huit centaines, cinq dixaines , et neuf unités, on écrira 859. Si l'on avait *huit cent neuf* qui contiennent huit centaines , point de dixaines et neuf unités , on écrirait 809 : c'est-à-dire , que l'on mettrait un zéro pour tenir la place des dixaines qui manquent. Si les unités manquaient aussi , on mettrait deux zéros ; ainsi pour marquer *huit cents* , on écrirait 800.

11. Remarquons encore, qu'en vertu de cette convention, un chiffre suivi de deux autres, ou de deux zéros, marque un nombre cent fois plus grand que s'il était seul.

12. Depuis *neuf cent quatre-vingt-dix-neuf* , on peut compter par le même artifice, jusqu'à *neuf mille neuf cent quatre-vingt-dix-neuf* , en formant de dix centaines une unité qu'on appelle *mille* , parce que dix fois cent font mille ; comptant ces unités , comme ci-devant , et les représentant par les mêmes chiffres placés à la gauche des centaines.

Ainsi pour marquer *sept mille huit cent cinquante-neuf* , on écrira 7859 : pour marquer *sept mille neuf* , on écrira 7009 , et pour *sept mille* , on écrira 7000. D'où l'on voit qu'un chiffre suivi de trois autres , ou de trois zéros marque un nombre mille fois plus grand que s'il était seul.

13. En continuant ainsi de renfermer dix unités d'un certain ordre dans une seule unité, et de placer ces nouvelles unités dans des rangs de plus en plus avancés vers la gauche, on parvient à exprimer d'une manière uniforme , et avec dix caractères seulement , tous les nombres entiers imaginables.

14. Pour énoncer facilement un nombre exprimé par tant de chiffres qu'on voudra , on le partagera , par la pensée, en tranches de trois chiffres chacune, en allant de droite à gauche : on donnera à chaque tranche les noms suivans , en partant de la droite, *unités* , *mille* , *millions* , *billions* , *trillions* , *quatrillions* , *quintillions* , *sextillions* , etc. Le premier chiffre de chaque tranche (en partant toujours de la droite , aura le nom de la tranche , le second celui de dixaines , et le troisième celui de centaines.

Ainsi , en partant de la gauche , on énoncera chaque tranche, comme si elle était seule , et l'on prononcera à la fin de chacune le nom de cette même tranche; par exemple , pour énoncer le nombre suivant :

quatrillions, trillions, billions, millions, mille, unités et
93, 456, 789, 345, 565, 456 . . .

On dira vingt-trois *quatrillions*, quatre cent cinquante-six *trillions*, sept cent quatre-vingt-neuf *billions*, deux cent trente-quatre *millions*, cinq-cent soixante-cinq *mille*, quatre cent cinquante-six *unités*.

15. De la numération que nous venons d'exposer, et qui est purement de convention, il résulte qu'à mesure qu'on avance de droite à gauche, les unités dont chaque nombre est composé, sont de dix en dix fois plus grandes, et que par conséquent pour rendre un nombre dix fois, cent fois, mille fois plus grand, il suffit de mettre à la suite du chiffre de ses unités un, deux, trois, zéro : au contraire, à mesure qu'on retrograde de gauche à droite, les unités sont de dix en dix fois plus petites.

16. Telle est la numération actuelle : elle est la base de toutes les autres manières de compter, quoique dans plusieurs arts, on ne s'assujettisse pas toujours à compter uniquement par dixaines, par dixaines de dixaines, etc.

17. Pour évaluer les quantités plus petites que l'unité qu'on a choisie, on partage celle-ci en d'autres unités plus petites. Le nombre en est différent en lui-même, pourvu qu'on puisse mesurer les quantités qu'on a dessein d'évaluer; mais ce qu'on doit avoir principalement en vue dans ces sortes de divisions, c'est de rendre les calculs le plus commode qu'il sera possible ; c'est pour cette raison qu'au lieu de partager d'abord l'unité en un grand nombre de parties, afin de pouvoir évaluer les plus petites, on ne la partage d'abord qu'en un certain nombre de parties, et qu'on subdivise celle-ci en d'autres, et ces nouvelles encore en d'autres plus petites. C'est ainsi que dans les monnaies on partage la livre en 20 parties qu'on appelle *sous*, le sou en 12 parties qu'on appelle *deniers*. De même dans les mesures de poids, on partage la livre en 2 *marcs*, le marc en 8 *once*, l'once en 8 *gros*, etc., en sorte que dans le premier cas on compte par vingtaines et par douzaines ; dans le second, par dixaines et par huitaines, etc.

18. Un nombre qui est composé de parties rapportées ainsi à différentes unités, est ce qu'on appelle un nombre *complexe*; et par opposition, celui qui ne renferme qu'une seule espèce d'unités, s'appelle *nombre incomplexe*, 8 livres, sont un nombre incomplexe; 8 livres 17 sous 8 deniers sont un nombre complexe.

19. Chaque art subdivise à sa manière l'unité principale qu'il s'est choisie. Les subdivisions de la toise sont différentes de celles de la livre, celle de la livre différentes de celles du jour, de l'heure; celles-ci différentes de celles du marc, et ainsi de suite : nous les ferons connaître lorsque nous traiterons des nombres complexes.

20. Mais de toutes les divisions et subdivisions qu'on peut faire de l'unité, celle qui se fait par décimales, c'est-à-dire, en partageant l'unité en parties de dix en dix fois plus petites, est incontes-

tablement plus commode dans les calculs. Elle est fort en usage dans la pratique des mathématiques, la formation et le calcul des décimales sont absolument les mêmes que pour les nombres ordinaires ou entiers : nous allons les faire connaître.

21. Pour évaluer en décimales les parties plus petites que l'unité, on conçoit que cette unité, telle qu'elle soit, livre, toise, etc., est composée de dix parties, comme on imagine la dixaine composée de dix unités simples, ou comme on imagine la livre composée de 20 sous. Ces nouvelles unités, par opposition aux dixaines, sont nommées *dix èmes*; on les représente par les mêmes chiffres que les unités simples ; et comme elles sont dix fois plus petites que celles-ci, on les place à la droite du chiffre qui représente les unités simples.

Mais pour prévenir l'équivoque et ne point donner lieu de prendre ces dixièmes pour des unités simples, on est convenu en même temps de fixer, une fois pour toutes, la place des unités par une marque particulière ; celle qui est le plus en usage, est une virgule que l'on met à la droite du chiffre qui représente les unités, ou, ce qui est la même chose, entre les unités et les *dixièmes* ; ainsi pour marquer *vingt-quatre unités* et *trois dixièmes*, on écrira 24,3.

22. On peut, de même, regarder actuellement les *dixièmes*, comme des unités qui ont été formées de dix autres, chacune dix fois plus petites que les *dixièmes* ; et par la même raison d'analogie, les placer à la droite des *dixièmes*. Ces nouvelles unités, dix fois plus petites que les *dixièmes*, seront cent fois plus petites que les unités principales, et pour cette raison seront nommées *centièmes*. Ainsi pour marquer *vingt-quatre unités*, *trois dixièmes* *et cinq centièmes*, on écrira 24,35.

23. Concevons pareillement les *centièmes*, comme formés de dix parties, ces parties seront mille fois plus petites que l'unité principale et pour cette raison seront nommées *millièmes* ; et, comme dix fois plus petites que les *centièmes*, on les placera à la droite de celles-ci. En continuant de subdiviser ainsi de dix en dix, on formera des nouvelles unités qu'on nommera successivement des *dix-millièmes*, *cent-millièmes*, *millioniènes*, *dix-millioniènes*, *cent-millioniènes*, *billioniènes*, etc., et qu'on placera dans des rangs de plus en plus reculés sur la droite de la virgule.

24. Les parties de l'unité que nous venons de décrire, sont ce que l'on appelle des *décimales*.

25. Quant à la manière de les énoncer, elle est la même que pour les autres nombres. Après avoir énoncé les chiffres qui sont à la gauche de la virgule, on énonce les décimales de la même manière ; mais on ajoute à la fin le nom des unités décimales de la dernière espèce ; ainsi pour énoncer ce nombre 34,572 on dirait trente-quatre unités et cinq cent soixante et douze *millièmes*; si c'étaient

des toises ; par exemple ; on dirait trente-quatre toises et cinq
cent soixante et douze *millièmes* de toise.

La raison en est facile à apercevoir , si l'on fait attention que
dans le nombre 34,572, le chiffre 5 peut indifféremment être rendu,
ou par cinq *dixièmes* , ou par cinq cent *millièmes* , puisque le
dixième (22) valent dix *centièmes* , et le *centième* (23) valent dix
millièmes , le *dixième* contiendra dix fois dix *millièmes* , ou cent
millièmes ; ainsi les cinq *dixièmes* valent cinq cent *millièmes*.
Par une raison semblable, le chiffre 7 pourra s'énoncer en disant
soixante et dix *millièmes* , puisque (23) chaque *centième* vaut dix
millièmes.

26. A l'égard de l'espèce des unités du dernier chiffre , on le
trouvera toujours facilement en comptant successivement de gauche à droite sur chaque chiffre depuis la virgule les noms suivans:
dixièmes , *centièmes* , *millièmes* , *dix-millièmes* , etc.

27. Si l'on n'avait point d'unités entières , mais seulement des
parties de l'unité, on mettrait un zéro pour tenir la place des unités; ainsi , pour marquer cent vingt-cinq *millièmes* , on écrirait
0,125. Si l'on voulait marquer vingt-cinq *millièmes* , on écrirait
0,025, en mettant un zéro entre la virgule et les autres chiffres,
tant pour marquer qu'il n'y a point de *dixième* , que pour donner
aux parties suivantes leur véritable valeur. Par la même raison ;
pour marquer six *dix-millièmes* , on écrirait 0,0006.

28. Examinons maintenant les changemens qu'on peut faire
naître dans un nombre , par le déplacement de la virgule.

Puisque la virgule détermine la place des unités, et que tous les
autres chiffres ont des valeurs dépendantes de leurs distances à
cette même virgule , si l'on avance la virgule d'une , deux ,
trois , etc., places sur la gauche , on rend le nombre 10, 100,
1000, etc., fois plus petit : et au contraire , on le rend 10, 100,
1000, etc., fois plus grand, si l'on recule la virgule d'une, deux,
trois, etc., places sur la droite.

En effet, si l'on a 4327 5 64 , et qu'en avançant la virgule d'une
place sur la gauche , on écrive 432,75264 , il est visible que les
mille du premier nombre sont des centaines dans le nouveau ; les
centaines sont des dixaines ; les dixaines , des unités , les unités ,
des dixièmes ; les dixièmes , des centièmes, et ainsi de suite. Donc
chaque partie du premier nombre est devenue dix fois plus petite
par le déplacement. Si au contraire, en reculant la virgule d'une
place sur la droite , on eut écrit 43275,264 , les mille du premier
nombre se trouveraient changés en dixaines de mille, les centaines
en mille , les dixaines en centaines , les unités en dixaines , les
dixièmes en unités , et ainsi de suite. Donc le nouveau nombre
est dix fois plus grand que le premier.

29. Un raisonnement semblable fait voir qu'en avançant, sur la

gauche, de deux ou de trois places, on rendrait le nombre cent ou mille fois plus petit, et au contraire, cent ou mille fois plus grand, en reculant la virgule de deux ou trois places sur la droite.

30. La dernière observation que nous ferons sur les décimales, c'est qu'on n'en change point la valeur en mettant à la suite du dernier chiffre décimal tel nombre de zéros qu'on voudra. Ainsi, 43,25 est la même chose que 43,250; ou que 43,2500, ou que 43,25000, etc.

Car chaque *centième* valent dix *millièmes*, ou cent *dix-millièmes*, etc., les vingt-cinq *centièmes* vaudront deux cent cinquante *millièmes* ou deux mille cinq cent *dix-millièmes*, etc. En un mot, c'est la même chose que lorsqu'au lieu de dire 25 pistoles on dit 250 livres; ou que lorsqu'au lieu de dire 25 quintaux on dit 2500 livres.

Des opérations de l'Arithmétique.

31. Ajouter, soustraire, multiplier, et diviser, sont quatre opérations fondamentales de l'arithmétique. Toutes les questions qu'on peut proposer sur les nombres, se réduisent à pratiquer quelques-unes de ces opérations, et toutes ces opérations. Il est donc important de se les rendre familières, et d'en bien saisir l'esprit.

32. Le but de l'arithmétique, est, comme nous l'avons déjà dit, de donner des moyens de calculer facilement les nombres. Ces moyens consistent à réduire le calcul des nombres les plus composés, à celui de nombre plus simples, ou exprimés par le plus petit nombre de chiffres possibles. C'est ce qu'il s'agit d'exposer actuellement.

De l'Addition des nombres entiers et des parties décimales.

33. Exprimer la valeur totale de plusieurs nombres, par un seul, c'est ce qu'on appelle *faire une addition*.

Quand les nombres qu'on se propose d'ajouter n'ont qu'un seul chiffre, on n'a pas besoin de règle; mais lorsqu'ils ont plusieurs chiffre, on trouve leur valeur totale, ce qu'on appelle *somme*, en observant la règle suivante.

Écrivez les uns sous les autres, tous les nombres proposés, de manière que les chiffres des unités de chacun soient dans une même colonne verticale; qu'il en soit de même des dixaines, de même des centaines, etc. Soulignez le tout.

Ajoutez d'abord tous les nombres qui sont dans la colonne des unités, si la somme ne passe pas neuf, écrivez-la au-dessous : si elle surpasse neuf, elle renfermera des dixaines; n'écrivez au-dessous que l'excédant du nombre des dixaines : comptez ces dixaines pour autant d'unités, et ajoutez-les avec les nombres de la colonne suivante : observez à l'égard de la somme des nombres de cette seconde colonne la même règle qu'à l'égard de la première, et continuez ainsi de colonne en colonne, jusqu'à la dernière, au-dessous de laquelle vous écrirez la somme telle que vous la trouverez.

Eclaircissons cette règle par des exemples.

EXEMPLE I.

Qu'il soit question d'ajouter 54925 avec 2023 : j'écris ces deux nombres comme on le voit ici. . .

$$\begin{array}{r} 54925 \\ 2023 \\ \hline 56948 \text{ somme.} \end{array}$$

Et après avoir souligné le tout, je commence par les unités, en disant : 5 et 3 font 8, que j'écris sous cette même colonne.

Je passe à celle des dixaines, dans laquelle je dis : 2 et 2 font 4, que j'écris au-dessous.

A la colonne des centaines, je dis 9 et o font 9, que j'écris sous cette même colonne.

Dans la colonne des mille, je dis : 4 et 2 font 6, que j'écris sous cette colonne.

Enfin dans la colonne des dixaines de mille, je dis : 5 et rien font 5, que j'écris de même au-dessous.

Le nombre 56948, trouvé dans cette opération, est la somme des deux nombres proposés, puisqu'il en renferme les unités, dixaines, les centaines, les mille et les dixaines de mille que nous avons rassemblés successivement.

EXEMPLE II.

On demande la somme des quatre nombres suivans : 6903, 7854, 953, 7327 ; je les écris comme on le voit ici. . . . . .

$$\begin{array}{r} 6903 \\ 7854 \\ 953 \\ 7327 \\ \hline 23037 \text{ somme.} \end{array}$$

En commençant, comme ci-dessus, par la droite, je dis : 3 et 4 font 7, et 3 font o, et 7 font 17 ; j'écris les 7 unités sous la première colonne, et je retiens la dixaine pour la joindre comme unité, aux nombres de la colonne suivante, qui sont aussi des dixaines.

Passant à cette seconde colonne, je dis : 1 que je retiens et o font 1, et 5 font 6, et 5 font 11, et 2 font 13; j'écris 3 sous la colonne actuelle, et je retiens pour la dixaine une unité que j'ajoute à la colonne suivante, en disant; 1 et 9 font 10, et 8 font 18; et 9 font 27, et 3 font 30, je pose o sous cette colonne, et je retiens, pour les trois dixaines, trois unités que j'ajoute à la colonne suivante, en disant pareillement : 3 et 6 font 9, et 7 valent 16, et 7 font 23; j'écris 3 sous cette colonne, et comme il n'y a plus d'autre colonne, j'avance d'une place les deux dixaines qui appartiendraient à la colonne suivante, s'il y en avait une. Le nombre 23037 est la somme des quatre nombres proposés.

34. S'il y a des parties décimales, comme elles se comptent, ainsi que les autres nombres, par dixaines, à mesure qu'on avance de droite à gauche, la règle pour les ajouter est absolument la même en observant de mettre toujours les unités de même ordre dans une même colonne.

Ainsi, si l'on propose d'ajouter les trois nombres 72,957....
12,8.... 124,03.... j'écrirai. 72,957
$$\begin{array}{r} 72,957 \\ 12,8 \\ 124,03 \\ \hline 209,787 \text{ somme.} \end{array}$$

Et en suivant la règle ci-dessus, j'aurai 209,787 pour la somme.

De la Soustraction des nombres entiers et des parties décimales.

35. La soustraction est l'opération par laquelle on retranche un nombre d'un autre nombre. Le résultat de cette opération s'appelle reste, ou excès, ou différence.

Pour faire cette opération, on écrira le nombre qu'on veut retrancher au-dessous de l'autre, de la même manière que dans l'addition; et ayant souligné le tout, on retranchera, en allant de droite à gauche, chaque nombre inférieur de son correspondant supérieur, c'est-à-dire, les unités des unités, les dixaines des dixaines, etc. : on écrira chaque reste au-dessous, dans le même ordre, et zéro lorsqu'il ne restera rien.

Lorsque le chiffre inférieur se trouvera plus grand que le chiffre supérieur correspondant, on ajoutera à celui-ci dix unités qu'on aura, en empruntant, par la pensée, une unité sur son voisin à gauche, lequel doit, par cette raison, être regardé comme moindre d'une unité dans l'opération suivante.

Au lieu de diminuer d'une unité le chiffre sur lequel on a emprunté, on peut, si l'on veut le laisser tel qu'il est, et augmenter au contraire d'une unité celui que l'on doit en retrancher : le reste sera toujours le même.

On propose de retrancher 5432 de 8954. J'écris ces deux nombres comme il suit :

$$8954$$
$$5432$$
$$\overline{3522 \text{ reste.}}$$

Et en commençant par le chiffre des unités, je dis : 2 ôté de 4, il reste 2 que j'écris au-dessous ; puis, passant aux dixaines, je dis : 3 ôté de 5, il reste 2 que j'écris sous les dixaines. A la troisième colonne, je dis : 4 ôté de 9, il reste 5 que j'écris sous cette colonne. Enfin, à la quatrième, je dis : 5 ôté de 8, il reste 3 que j'écris sous 5, et j'ai 3522 pour le reste de 5432 retranché de 8954.

On veut ôter 7987 de 27646.
On écrira. . . . .

$$27646$$
$$7987$$
$$\overline{19659 \text{ reste.}}$$

Comme on ne peut ôter 7 de 6, on ajoutera à 6 dix unités qu'on empruntera en prenant une unité sur son voisin 4, et on dira : 7 ôté de 16, il reste 9 qu'on écrira sous 7.

Passant aux dixaines, on ne dira plus, 8 ôté de 4, mais 8 ôté de 3 seulement, parce que l'emprunt qu'on a fait a diminué 4 d'une unité : comme on ne peut ôter 8 de 3, on ajoutera de même à 3 dix unités qu'on empruntera, en prenant une unité sur le chiffre 6 de la gauche, et on dira : 8 ôté de 13, il reste 5 qu'on écrira sous 8. Passant à la troisième colonne on dira de même, 9 ôté de 5, ou plutôt 9 ôté de 15, (en empruntant comme ci-dessus,) il reste 6 qu'on écrira sous 9.

A la quatrième colonne, on dira, par la même raison, 7 ôté de 6, ou plutôt de 16, il reste 9 qu'on écrira sous 7, et comme il n'y a rien à retrancher dans la cinquième colonne, on écrira sous cette colonne, non pas 2, parce qu'on vient d'emprunter une unité sur ce 2, mais seulement 1, et on aura 19659 pour le reste.

36. Si le chiffre sur lequel on doit faire l'emprunt était un zéro, l'emprunt se ferait, non pas sur ce zéro, mais sur le premier chiffre significatif qui viendrait après; or, quoique ce soit alors emprunter 100, ou 1000, ou 10000, selon qu'il y a un, deux ou trois zéros consécutifs, on n'en opérera pas moins comme ci-dessus ; c'est-

à-dire qu'on ajoutera seulement 10 au chiffre pour lequel on emprunte, et comme ce dix sont censés pris sur les 100 ou 1000, etc., qu'on a empruntés, pour employer les 90 ou les 990, etc., qui restent, on comptera les zéros suivans pour autant de 9; c'est ce que l'exemple ci-après va éclaircir.

EXEMPLE III.

$$
\begin{array}{r}
99 \\
\text{Si de. . . . .} \quad 20064 \\
\text{on veut retrancher. . . . .} \quad 17489 \\
\hline
2575 \text{ reste.}
\end{array}
$$

On dira d'abord : 9 ôté de 4, ou plutôt de 14 (en empruntant sur le chiffre suivant) il reste 5. Puis, pour ôter 8 de 5, comme cela ne se peut, et qu'il n'est pas possible non plus d'emprunter sur le chiffre suivant qui est un zéro, on empruntera sur le 2 une unité, laquelle vaut mille à l'égard du chiffre sur lequel on opère. De ce mille, on ne prendra que dix unités qu'on ajoutera à 5, et on dira : 8 ôté de 15, il reste 7.

Comme on n'a employé que dix unités sur mille qu'on a empruntées, on emploira les 990 restantes, pour en retrancher les nombres qui répondent au-dessous des zéros ; ce qui revient au même que de compter chaque zéro comme s'il valait 9. Ainsi l'on dira : 4 ôté de 9, reste 5 ; puis 7 ôté de 9, reste 2 ; et enfin 1 ôté de 1, il ne reste rien.

37. S'il y a des parties décimales dans les nombres sur lesquels on veut opérer, on suivra absolument la même règle : mais pour éviter tout embarras dans l'application de cette règle, il n'y aura qu'à rendre le nombre des chiffres décimaux le même dans chacun des deux nombres proposés, en mettant un nombre suffisant de zéros à la suite de celui qui a le moins de décimales : cette préparation ne change rien à la valeur de ce nombre (30).

EXEMPLE IV.

$$
\begin{array}{r}
\text{De. . . . .} \quad 5403,25 \\
\text{on veut ôter. . . . . . .} \quad 385,6532
\end{array}
$$

je mets deux zéros à la suite des décimales du nombre supérieur ; après quoi j'espère sur les deux nombres ainsi préparés ; précisément selon l'énoncé de la règle donnée pour les nombres entiers,

$$
\begin{array}{r}
5403,2500 \\
385,6532 \\
\hline
5017,5968 \text{ reste}
\end{array}
$$

De la preuve de l'Addition et de la Soustraction.

38. Ce qu'on appelle preuve d'une opération arithmétique, est une autre opération que l'on fait pour s'assurer de l'exactitude du résultat de la première.

La preuve de l'addition se fait en ajoutant de nouveau par parties, mais en commençant par la gauche, les sommes qu'on a déjà ajoutées. On retranche la totalité de la première colonne, de la partie qui lui répond dans la somme inférieure, on écrit au-dessous le reste qu'on réduit, par la pensée, en dixaines, pour le joindre au chiffre suivant de cette même somme, et du total on retranche encore la totalité de la colonne supérieure; on continue ainsi jusqu'à la dernière colonne, dont la totalité étant retranchée ne doit laisser aucun reste.

Ayant trouvé ci-dessus que les quatre nombres

$$
\begin{array}{r}
6903 \\
7854 \\
953 \\
7327 \\
\hline
\end{array}
$$

ont pour somme. . . . .
$$
\begin{array}{r}
23037 \\
3110 \\
\end{array}
$$

Pour vérifier ce résultat, j'ajoute les mêmes nombres en commençant par la gauche, et je dis : 6 et 7 font 13, et 7 font 20, lesquels ôtés de 23, il reste 3 ou 3 dixaines, qui avec le chiffre suivant zéro, font 30. Je passe à la seconde colonne, et je dis, 9 et 8 font 17, et 9 font 26, et 3 font 29; que j'ôte de 30, il reste 1 ou une dixaine, qui, jointe au chiffre suivant 3, font 13. J'ajoute tous les nombres de la troisième colonne, en disant : 5 et 5 font 10, et 2 font 12, lesquels étant ôtés de 13, il reste 1 ou une dixaine, qui, ajouté au chiffre suivant 7, fait 17; j'ajoute pareillement tous les nombres de la dernière colonne, en disant : 3 et 4 font 7, et 3 font 10, 7 et font 17, lesquels étant ôtés de 17 il ne reste rien : d'où je conclus que la première opération est exacte.

On est fondé à conclure, que la première opération est bien faite, lorsqu'après cette preuve il ne reste rien, parce qu'ayant ôté successivement tous les milles, toutes les centaines, toutes les dixaines et toutes les unités, dont on avait composé la somme, il faut qu'à la fin il ne reste rien.

39. La preuve de la soustraction se fait en ajoutant le reste trouvé par l'opération, avec le nombre retranché : si la première opération a été bien faite, on doit reproduire le nombre dont on a re-

tranché : ainsi je vois que dans le troisième exemple donné ci-dessus l'opération a bien été faite, parce qu'en ajoutant 17489 (nombre retranché) avec le reste 2575, je reproduis 20064, nombre dont on a retranché;

$$
\begin{array}{rl}
\text{de.} \ . \ . \ . & 20064 \\
\text{ôtez} \ . \ . \ . & 17489 \\ \hline
\text{reste.} \ . & 2575 \\ \hline
\text{preuve.} \ . & 20064
\end{array}
$$

De la Multiplication.

40. Multiplier un nombre par un autre, c'est prendre le premier de ces deux nombres autant de fois qu'il y a d'unités dans l'autre. Multiplier 4 par 3, c'est prendre trois fois le nombre 4.

41. Le nombre qu'on doit multiplier s'appelle *multiplicande*; celui par lequel on doit multiplier s'appelle *multiplicateur*; et le résultat de l'opération s'appelle *produit*.

42. Le mot *produit* a communément une acception beaucoup plus étendue, mais nous avertissons expressément que nous ne l'emploierons que pour désigner le résultat de la multiplication.

Le multiplicande et le multiplicateur se nomment aussi les *facteurs* du produit : ainsi 3 et 4 sont les facteurs de 12, parce que 3 et 4 font 12.

43. Suivant l'idée que nous venons de donner de la multiplication, on voit qu'on pourrait faire cette opération en écrivant le multiplicande autant de fois qu'il y a d'unités dans le multiplicateur, et faisant ensuite l'addition. Par exemple, pour multiplier 7 par 3, on pourrait écrire :

$$
\begin{array}{r}
7 \\
7 \\
7 \\ \hline
21
\end{array}
$$

et la somme 21 résultante de cette addition, serait le produit.

Mais lorsque le multiplicateur est tant soit peu considérable, l'opération devient fort longue. Ce que nous appelons proprement *multiplication*, est la méthode de parvenir à un même résultat par une voie plus courte.

44. Tant qu'on ne considère les nombres que d'une manière abstraite, c'est-à-dire, sans faire attention à la nature de leurs unités, il importe peu lequel des deux nombres proposés pour la

multiplication on prenne pour multiplicande ou pour multiplicateur : Par exemple , si l'on a 4 à multiplier par 3, il est indiffé-
rent de multiplier 4 par 3, ou 3 par 4; le produit sera toujours
12. En effet , 3 fois 4 n'est autre chose que le triple de 1 fois 4 ,
et 4 fois 3 est le triple de 4 fois 1. Or , il est évident que 1 fois 4
et 4 fois 1 , sont la même chose , et on ne peut appliquer le même
raisonnement à tout autre nombre.

45. Mais lorsque , par l'énoncé de la question , le multiplicateur et le multiplicande sont des nombres concrets , il importe de
distinguer le multiplicande du multiplicateur : cette attention est
principalement nécessaire dans la multiplication des nombres
complexes dont nous parlerons par la suite.

Au reste , cela est toujours aisé à distinguer ; la question qui
conduit à la multiplication dont il s'agit , fait toujours connaître
qu'elle est la quantité qu'il s'agit de répéter plusieurs fois , c'est-à-
dire le multiplicande , et qu'elle est celle qui marque combien de
fois on doit répéter le multiplicande , c'est-à-dire, quel est le multiplicateur.

46. Comme le multiplicateur est destiné à marquer combien de
fois on doit prendre le multiplicande , il est toujours un nombre
abstrait. Ainsi , quand on demande ce que doivent coûter 52 toises
de bois , à raison de 36 livres la toise , on voit que le multiplicande est de 36 livres qu'il s'agit de répéter 52 fois , soit que ce
52 marque des toises , ou toute autre chose.

47. Le produit qui est formé de l'addition répétée du multiplicande , aura donc des unités de même nature que le multiplicande (*).

Après cette petite digression sur la nature des unités du produit
et de ses facteurs, revenons à la méthode pour trouver ce produit.

48. Les règles de la multiplication des nombres les plus composés , se réduisent à multiplier un nombre d'un seul chiffre par un
nombre d'un seul chiffre. Il faut donc s'exercer à trouver soi-
même le produit des nombres exprimés par un seul chiffre , en
ajoutant successivement un même nombre à lui-même. On peut
aussi, si on le veut , faire usage de la table suivante, qu'on attribue
à *Pythagore.*

(*) Nous n'en exceptons pas la multiplication géométrique , dont nous ne
parlerons qu'en Géométrie , comme cela nous paraît assez naturel. Les unités
du multiplicateur ne sont jamais que des unités abstraites, comme dans tout
autre multiplication.

Table de Multiplication.

1	2	3	4	5	6	7	8	9
2	4	6	8	10	12	14	16	18
3	6	9	12	15	18	21	24	27
4	8	12	16	20	24	28	32	36
5	10	15	20	25	30	35	40	45
6	12	18	24	30	36	42	48	54
7	14	21	28	35	42	49	56	63
8	16	24	32	40	48	56	64	72
9	18	27	36	45	54	63	72	81

La première bande de cette table se forme en ajoutant 1 à lui-même successivement.

La seconde en ajoutant 2 de même.

La troisième en ajoutant 3 , et ainsi de suite.

49. Pour trouver par le moyen de cette table, le produit de deux nombres exprimés par un seul chiffre chacun, on cherchera l'un de ses deux nombres, le multiplicande , par exemple, dans la bande supérieure , et en partant de ce nombre, on descendra verticalement jusqu'à ce qu'on soit vis-à-vis du multiplicateur qu'on trouvera dans la première colonne. Le nombre sur lequel on sera arrêté , sera le produit. Ainsi pour trouver , par exemple , le produit de 9 par 6 , ou combien font 6 fois 9 , je descends depuis le 9, pris dans la première bande, jusque vis-à-vis le 6 pris dans la première colonne : le nombre sur lequel je m'arrête est 54; par conséquent 6 fois 9 font 54.

En voilà autant qu'il en faut pour passer à la multiplication des nombres exprimés par plusieurs chiffres.

2

De la Multiplication par un nombre d'un seul chiffre.

50. Ecrivez le multiplicateur, qu'on suppose ici d'un seul chiffre, sous le multiplicande, peu importe sous quel chiffre ; mais, pour fixer les idées, supposons que ce soit sous le chiffre des unités.

Multipliez d'abord le nombre des unités par votre multiplicateur; et si le produit ne contient que des unités, écrivez ce produit au-dessous ; s'il contient des unités et des dixaines, écrivez seulement les unités, et comptant les dixaines pour autant d'unités, retenez celles-ci.

Multipliez, de même, le nombre des dixaines du multiplicande, et au produit ajoutez les unités que vous avez retenues ; écrivez le tout au-dessous s'il peut être marqué par un seul chiffre, sinon n'écrivez que les unités de ce produit, et retenez-en les dixaines qui sont des centaines, pour les ajouter au produit suivant qui sera pareillement des centaines.

Continuez de multiplier successivement, suivant la même règle, tous les chiffres du multiplicande ; la suite des chiffres que vous aurez écrit marquera le produit.

EXEMPLE.

On demande combien 2864 toises valent de pieds ? la toise est de 6 pieds. La question se réduit à prendre 2864 pieds 6 fois.

J'écris donc. . . . . 2864 multiplicande.
                              6 multiplicateur.
                   ─────────────
                   17184 produit.

Et je dis, en commençant par les unités, 6 fois 4 font 24, j'écris 4, et je retiens deux unités pour les deux dixaines.

2° 6 fois 6 font 36, et deux que j'ai retenu font 38 ; je pose 8 et je retiens 3.

3° 6 fois 8 font 48 et 3 que j'ai retenu font 51 ; je pose 1, et je retiens 5.

4° 6 fois 2 font 12, et 5 que j'ai retenu font 17 que j'écris en entier, parce qu'il n'y a plus rien à multiplier, le nombre 17184 est le produit demandé, ou le nombre des pieds que valent les 2864 toises, puisqu'il renferme 6 fois les quatre unités, 6 fois les 6 dixaines, 6 fois les 8 centaines, 6 fois les 2 mille, et par conséquent 6 fois le nombre 2864.

De la Multiplication par un nombre de plusieurs chiffres.

51. Lorsque le multiplicateur a plusieurs chiffres, il faut faire successivement, avec chacun de ces chiffres, ce que l'on vient de prescrire lorsqu'il y en a qu'un, mais en commençant toujours par la droite. Ainsi on multipliera d'abord tous les chiffres du multiplicande par le chiffre des unités du multiplicateur; puis par celui des dixaines, et l'on écrira ce second produit sous le premier; mais comme il doit être au nombre des dixaines, puisque c'est par des dixaines qu'on multiplie, on portera le premier chiffre de ce produit sous les dixaines, et les autres chiffres toujours en avançant sur la gauche.

Le troisième produit, qui se fera en multipliant par les centaines se placera de même sous le second, mais en avançant encore d'une place : on suivra la même loi pour les autres.

Toutes ces multiplications étant faites, on ajoutera les produits partiels qu'elles ont donnés; et la somme sera le produit total.

EXEMPLE.

On propose de multiplier 65487
par. 6958
$$
\begin{array}{r}
523896 \\
327435 \\
589383 \\
392922 \\
\hline
455658546 \text{ produit.}
\end{array}
$$

Je multiplie d'abord 65487 par le nombre 8 des unités du multiplicateur, et j'écris successivement sous la barre les chiffres du produit 523896 que je trouve en suivant la règle donnée pour le premier cas (50).

Je multiplie de même le nombre 65487 par le second chiffre 5 du multiplicateur, et j'écris le produit 327435 sous le premier produit, mais en plaçant le premier chiffre 5 sous les dixaines de ce premier produit.

Multipliant pareillement 65487 par le troisième chiffre 9, j'écris le produit 589383 sous le précédent, mais en plaçant le premier chiffre 3 au rang des centaines, parce que le nombre par lequel je multiplie est un nombre de centaines.

Enfin je multiplie 65487 par le dernier chiffre 6 du multiplicateur, et j'écris le produit 392922 sous le précédent, en avançant encore d'une place, afin que son premier chiffre occupe la place des mille, parce que le chiffre par lequel on multiplie marque des mille. Enfin j'ajoute dans tous ces produits, et j'ai 45565846 pour le produit de 65487 multiplié par 6958, c'est-à-dire, pour la valeur de 65487 pris 6958 fois. En effet, on a pris 65487, 8 fois par la première opération; 50 fois par la seconde, 900 fois par la troisième, et 6000 par la quatrième.

52. Si le multiplicande ou le multiplicateur, ou tous les deux étaient terminés par des zéros, on abrégerait l'opération, en multipliant comme si ces zéros n'y étaient point; mais on les mettrait tous à la suite du produit.

EXEMPLE.

On propose de multiplier   6500
par.   350
                     325
                    195
              2275000

Je multiplie seulement 65 et 35, et je trouve 2275, à côté duquel j'écris les trois zéros qui se trouvent en tout, à la suite du multiplicande et du multiplicateur.

En effet le multiplicande 6500 représente 65 centaines; ainsi quand on multiplie 65, on doit sous-entendre que le produit est des centaines. Pareillement, le multiplicateur 350 marque 35 dixaines, ainsi quand on multiplie par 35, on doit sous-entendre que le produit sera des dixaines. Il sera donc des dixaines de centaines; c'est-à-dire, des mille : il doit donc avoir trois zéros. On appliquera un raisonnement semblable à tous les cas.

53. Lorsqu'il se trouve des zéros entre les chiffres du multiplicateur, comme la multiplication par ces zéros ne donnerait que des zéros, on se dispensera d'écrire ceux-ci dans le produit; et passant tout de suite à la multiplication par le premier chiffre significatif qui vient après ce zéros : on avancera le produit sur la gauche d'autant de places plus une qu'il y a de zéros qui se suivent dans le multiplicateur, c'est-à-dire, de deux places s'il y a un zéro, de trois s'il y en a deux.

EXEMPLE.

Si l'on a.   42052
à multiplier par.   3006
                    252312
                126156
             126408312

Après avoir multiplié par 6 et écrit le produit 252312, on multipliera tout de suite par 3; mais on écrira le produit 126156, de manière qu'il marque des mille, il faudra donc le reculer de trois places, c'est-à-dire, d'une place de plus qu'il n'y a de zéros interposés aux chiffres du multiplicateur.

De la Multiplication des parties décimales.

54. Pour multiplier les parties décimales, on observera la même règle que pour les nombres entiers : sans faire aucune attention à la virgule ; mais, après avoir trouvé le produit, on en séparera sur la droite, par une virgule, autant de chiffres qu'il y a de décimales, tant dans le multiplicande que dans le multiplicateur.

EXEMPLE I.

On propose de multiplier   54,23
par. . . . . . r   8,3
                            ─────────
                              16269
                             43384
                            ─────────
                            450,109

Je multiplierai 5423 par 83, le produit sera 450109 ; et comme il y a deux décimales dans le multiplicande, et une dans le multiplicateur, je séparerai trois chiffres sur la droite de ce produit, qui par-là deviendra 450,109, tel qu'il doit être.

La raison de cette règle est facile à saisir, en observant que, si le multiplicateur était 83, le produit n'aurait en décimales que des *centièmes*, puisqu'on aurait répété 83 fois le multiplicande 54, 23 dont les décimales sont des centièmes, mais comme le multiplicateur est 8,3, c'est-à-dire, (21) dix fois plus petit que 83, le produit doit donc avoir des unités dix fois plus petites que les centièmes ; le dernier chiffre de ces décimales doit donc (23) être des *millièmes*; il doit donc y avoir trois chiffres décimaux dans ce produit ; c'est-à-dire, autant qu'il y en a, tant dans le multiplicande que dans le multiplicateur.

On peut appliquer un raisonnement semblable à tout autre cas.

EXEMPLE II.

Si l'on avait.   0,12
à multiplier par.   0,3
                            ─────────
                            0,036

On multiplierait 12 par 3, ce qui donnerait 36. Comme la règle prescrit de séparer ici trois chiffres, on pourrait être embarrassé à y satisfaire, puisque ce produit 36 n'en a que deux ; mais si l'on reprend le raisonnement que nous avons appliqué à l'exemple précédent, on verra facilement qu'il faut, comme on le voit ici, interposer un zéro entre 36 et la virgule. En effet si l'on avait 0,12 à multiplier par 3, il est évident qu'on aurait 0,36 ; mais comme on n'a à multiplier que par 0,3, c'est-à-dire par un nombre dix fois plus petit que 3, on doit avoir un produit dix fois plus petit que 0,36, c'est-à-dire, des millièmes, et c'est ce qui a eu lieu (28) lorsqu'on a écrit 0,036.

55. Comme on n'emploie ordinairement les décimales que dans la vue de faciliter les calculs, en substituant à un calcul rigoureux une approx^mtion suffisante, mais prompte, il n'est pas inutile d'exposer ici un moyen d'abréger l'opération, lorsqu'on n'a besoin d'avoir le produit que jusqu'à un degré d'exactitude proposé.

Supposons, par exemple, qu'ayant à multiplier 45,625957 par 28,635, je n'ai besoin d'avoir le produit qu'à moins d'un millième près. J'écris ces deux nombres comme on le voit ci-dessous, c'est-à-dire, qu'après avoir renversé l'ordre des chiffres de l'un des deux, je les écris sous l'autre, en faisant répondre le chiffre 8 de les unités sous la décimale immédiatement inférieure de deux degrés à celui auquel je veux borner mon produit. Je fais ensuite la multiplication, en négligeant, dans le multiplicande, tous les chiffres qui se trouvent à la droite de celui par lequel je multiplie ; et à mesure que je change de chiffre dans le multiplicateur, je porte toujours le premier chiffre du nouveau produit sous le premier chiffre du premier. L'addition de tous ces produits étant faite, je supprime les deux derniers chiffres, en observant cependant d'augmenter le dernier de ceux qui restent, d'une unité, si les deux que je supprime passent 50 ; après quoi je place la virgule au rang fixé par l'espèce de décimales que je me proposais d'avoir.

EXEMPLE.

Je veux multiplier. 45,625957
par. 28,635
mais je n'ai besoin d'avoir le produit qu'à un millième d'unité près.
J'écris ainsi ces deux nombres 45,625957
                            53682

                  9125,914
                  3650076o
                  2737554
                  136875
                  22810

                  1306499 13
produit 1306,499

Et si l'on avait fait la multiplication à l'ordinaire on aurait eu. . . . . 1306,499278695, qui s'accorde avec le précédent jusqu'à la troisième décimale, ainsi qu'on la demande.

S'il n'y avait pas assez de chiffres décimaux dans le multiplicande, pour faire correspondre le chiffre des unités du multiplicateur au chiffre auquel la règle prescrit de le faire correspondre, on y suppléerait en mettant des zéros.

EXEMPLE.

On doit multiplier. 54,236
par. . . . . : 532,27
et l'on veut avoir le produit à un centième d'unité près.

J'écris. . . . . : 54,236000
72235

$$
\begin{array}{r}
271180000 \\
16170800 \\
1084720 \\
108472 \\
37961 \\
\hline
288681953
\end{array}
$$

produit. . . : 28868,20   en ajoutant une unité au dernier chiffre, parce que les deux que l'on supprime passent 50.

Pour troisième exemple, supposons qu'on ait à multiplier
0,227538917
par 0,5664178
et l'on ne veut avoir que 7 décimales au produit, on écrira
0,227638917
87146650

$$
\begin{array}{r}
. . . . 0 \\
113769455 \\
1365233 4 \\
1365228 \\
91012 \\
2275 \\
1589 \\
176 \\
\hline
128882069
\end{array}
$$

produit. . : ? 0,1288821

Sur quelques usages de la Multiplication.

56. Nous ne nous proposons pas de faire connaître tous les usages que l'on peut faire de la multiplication, nous indiquerons seulement quelques-uns qui mettront sur la voie pour les autres.

La multiplication sert à trouver, en général, la valeur totale de plusieurs unités, lorsqu'on connaît la valeur de chacune. Par exemples : 1.° Combien doivent coûter 5842 toises, à raison de 54# la toise ? Il faut multiplier 54# par 5842 ; ou (44) 5842 par 54 : on aura 315468# pour le prix total demandé. 2.° Combien 5954 pieds cubes (*) d'eau pèsent-ils en supposant que le pied cube pèse 72 lb. Il faut multiplier 72 lb par 5954, ou 5954 lb par 72 : ou aura 428688 lb pour le poids de 5954 pieds cubes.

(*) Le pied cube est une mesure d'un pied de long sur un pied de large et sur un pied de haut, avec laquelle on évalue la capacité des corps, ainsi qu'on le verra en Géométrie.

57. On emploie la multiplication pour convertir les unités d'une certaine espèce en unités d'une espèce plus petite. Par exemple, pour réduire les livres en sous, et ceux-ci en deniers; les toises en pieds, ceux-ci en pouces, ces derniers en lignes; les jours en heures, ceux-ci en minutes, ces dernières en secondes. On a souvent besoin de ces sortes de conversions. Nous en donnerons quelques exemples.

Si l'on demande de convertir 8 l. 17 s. 7 d. en deniers; comme la livre vaut 20 s., on multipliera les 8 l. par 20 (52); ce qui donnera 160 s. auxquels joignant les 17 s., on aura 177 s. qu'on multipliera par 12, parce que chaque sou vaut 12 deniers; et on aura 2124 deniers, lesquels joints au 7 deniers donnent 2131 deniers pour la valeur de 8 l. 17 s. 7 d. convertis en deniers.

Si l'on demande combien une année commune, ou 365 jours 5 heures 48 minutes ou 365 j. 5 h. 48 m. valent de minutes : comme le jour est de 24 heures, on multipliera 24 par 365, et au produit 8760 h. on ajoutera 5 h.; on multipliera le total 8765 par 60 (52), parce que l'heure contient 60 minutes, et l'on aura 525900 minutes; auxquelles ajoutant 48 minutes, on aura 525948 pour le nombre de minutes contenues dans une année commune.

Cette conversion des parties du temps est utile dans quelques opérations du *pilotage*.

58. L'abréviation dont nous avons parlé (52) peut être employée pour réduire promptement en livres un certain nombre de *tonneaux*. Comme le tonneau de poids pèse 2000 livres, si l'on a, par exemple, 854 tonneaux, il n'y a qu'à doubler 854, et mettre les trois zéros à la suite du produit; on aura 1708000 pour le nombre de livres que pèsent 854 tonneaux.

Avant de terminer ce qui regarde la multiplication, faisons observer aux commençans que ces expressions *doubler*, *tripler*, *quadrupler*, etc., signifient la même chose que multiplier par 2, par 3, par 4, etc.

De la Division des nombres entiers et des parties décimales.

59. Diviser un nombre par un autre, c'est, en général, chercher combien de fois le premier de ces deux nombres contient le second.

Le nombre que l'on doit diviser s'appelle *dividende*, celui par lequel on doit diviser, *diviseur*, et celui qui marque combien de fois le dividende contient le diviseur s'appelle *quotient*.

On n'a pas toujours pour but, dans la division, de savoir combien de fois un nombre en contient un autre; mais on fait l'opération comme si elle tendait à ce but; c'est pourquoi on peut, dans tous les cas, la considérer comme l'opération par laquelle on trouve combien de fois le dividende contient le diviseur.

Il suit de là que, si l'on multiplie le diviseur par le quotient, on doit reproduire le dividende, puisque c'est prendre ce diviseur autant de fois qu'il est dans le dividende, cela est général, soit que le quotient soit un nombre entier, soit qu'il soit un nombre fractionnaire.

Quant à l'espèce des unités du quotient, ce n'est ni par l'espèce des unités du diviseur, ni par l'espèce de celles du dividende, ni par l'une et l'autre qu'il faut en juger; car le dividende et le diviseur restant les mêmes, le quotient, qui sera aussi toujours le même numériquement, peut être fort différent pour la nature de ses unités, selon la question qui donne lieu à cette division.

Par exemple, s'il est question de savoir combien de fois 8# contiennent 4#, le quotient sera un nombre abstrait qui marquera 2 fois; mais s'il est question de savoir combien pour 8# on fera faire d'ouvrage à raison de 4# la toise, le quotient sera 2 toises, qui est un nombre concret et dont l'espèce n'a aucun rapport ni avec le dividende ni avec le diviseur.

Mais on voit, en même temps que la question seule qui conduit à faire la division dont il s'agit, décide de la nature des unités du quotient.

De la Division d'un nombre composé de plusieurs chiffres, par un nombre qui n'en a qu'un.

60. L'opération que nous allons décrire, suppose qu'on sache trouver combien de fois un nombre d'un ou deux chiffres contient un nombre d'un seul chiffre. C'est une connaissance déjà acquise, quand on sait de mémoire les produits des nombres qui n'ont qu'un chiffre. On peut aussi pour y parvenir, faire usage de la table que nous avons donnée ci-dessus (48). Par exemple, si je veux savoir combien de fois 74 contient 9, je cherche le diviseur 9 dans la bande supérieure, et je descends verticalement jusqu'à ce que je rencontre le nombre le plus approchant de 74 : c'est ici 72; alors le nombre 8 qui se trouve vis-à-vis 72 dans la première colonne, est le nombre de fois, ou le quotient que je cherche.

Cela supposé, voici comment se fait la division d'un nombre qui a plusieurs chiffres, par un nombre qui n'en a qu'un.

Écrivez le diviseur à côté du dividende; séparez l'un de l'autre par un trait, et soulignez le diviseur sous lequel vous écrirez les chiffres du quotient, à mesure que vous les trouverez.

Prenez le premier chiffre sur la gauche du dividende, ou les deux premiers chiffres, si le premier ne contient pas de diviseur.

Cherchez combien de fois ce premier ou ces deux premiers chiffres contiennent le diviseur, écrivez ce nombre de fois sous le diviseur.

Multipliez le diviseur par le quotient que vous venez d'écrire, et portez le produit sous la partie du dividende que vous venez d'employer.

Enfin, retranchez le produit de la partie supérieure du dividende à laquelle il répond, et vous aurez un reste.

A côté de ce reste, abaissez le chiffre suivant du dividende principal, et vous aurez un second dividende partiel, sur lequel vous opérerez comme sur le premier; plaçant le quotient à droite de celui qu'on a déjà trouvé; multipliant de même le diviseur par ce quotient, écrivant et retranchant le produit comme ci-devant.

Vous abaisserez de même, à côté du reste de cette division, le chiffre du dividende qui suit celui que vous avez descendu, et vous continuerez toujours de la même manière jusqu'au dernier inclusivement.

Cette règle va être éclaircie par l'exemple suivant :

EXEMPLE.

On propose de diviser 8769 par 7.

J'écris ces deux nombres comme on les voit ci-après :

$$
\begin{array}{r|l}
\text{dividende } 8769 & 7 \text{ diviseur} \\
\underline{7} & 1252\tfrac{5}{7}\text{ quotient.} \\
17 & \\
\underline{14} & \\
36 & \\
\underline{35} & \\
19 & \\
\underline{14} & \\
5 &
\end{array}
$$

En commençant par la gauche du dividende, je devrais dire, en 8 mille combien de fois 7 : je dis simplement en 8 combien de fois 7? Il y est une fois. Cet 1 est naturellement mille; mais les chiffres qui viendront après lui donneront sa véritable valeur; c'est pourquoi j'écris seulement un sous le diviseur;

Je multiplie le diviseur 7 par le quotient 1 ; et je porte le produit 7 sous la partie 8 que je viens de diviser ; faisant la soustraction, j'ai pour reste 1.

Ce reste 1 est la partie de 8 qui n'a pas été divisée, et est une dixaine à l'égard du chiffre suivant 7 ; c'est pourquoi j'abaisse ce même chiffre 7 à côté ; et je continue l'opération ; en disant : en 17 combien de fois 7 ? 2 fois. J'écris ce deux à la droite du premier quotient 1 qu'a donné la première opération.

Je multiplie comme dans la première opération, le diviseur 7 par le quotient 2 que je viens de trouver, je porte le produit 14 sous mon dividende partiel 17, et faisant la soustraction, il me reste 3 pour la partie qui n'a pas été divisée.

A côté de ce reste 3, j'abaisse 6 troisième chiffre du dividende, et je dis : en 37 combien de fois 7 ? 5 fois. J'écris 5 au quotient.

Je multiplie le diviseur 7 par 5 ; et ayant écrit le produit 35 sous mon nouveau dividende partiel, je l'en retranche et il me reste 1.

Enfin, à côté de ce reste 1, j'abaisse le chiffre 9 du dividende, et je dis : en 19 combien de fois 7 ? 2 fois. J'écris 2 au quotient.

Je multiplie le diviseur 7 par ce nouveau quotient 2, et ayant écrit le produit 14 sous mon dernier dividende partiel 19, j'ai pour reste 5.

Je trouve donc que 8769 contiennent 7 autant de fois que le marque le quotient que nous avons écrit, c'est-à-dire, 1252 fois, et qu'il reste 5.

A l'égard de ce reste, nous nous contenterons pour le présent, de dire qu'on l'écrit à côté du quotient, comme on le voit dans cet exemple, c'est à-dire, en écrivant le diviseur au-dessous de ce reste, et séparant l'un de l'autre par un trait ; et alors on prononce *cinq septièmes*. Nous expliquerons par la suite la nature de ces sortes de nombre.

61. Si, dans la suite de l'opération, quelqu'un des dividendes partiels se trouvait ne pas contenir le diviseur, on écrirait zéro au quotient, en omettant la multiplication, son abaisserait tout de suite un autre chiffre à côté de ce dividende partiel et on continuerait la division.

Il s'agit de diviser 14464 par 8.

$$
\begin{array}{r|l}
14464 & 8 \\
8 & \overline{1808} \\
\hline
64 & \\
64 & \\
\hline
\quad 064 & \\
\quad 64 & \\
\hline
\qquad 0 &
\end{array}
$$

Je prends ici les deux premiers chiffres du dividende, parce que le premier ne contient pas le diviseur.

Je trouve que 14 contient 8 une fois ; j'écris 1 au quotient : je multiplie 8 par 1, et je retranche le produit 8 de 14 ; ce qui me donne pour reste 6, à côté duquel j'abaisse le troisième chiffre 4 du dividende.

Je continue en disant : en 64 combien de fois 8 ? huit fois ; j'écris 8 au quotient ; en faisant la multiplication, j'ai pour produit 64 que je retranche du dividende partiel 64 ; il me reste 0 à côté duquel j'abaisse 6, quatrième chiffre du dividende ; et comme 6 ne contient pas 8, j'écris 0 au quotient, et j'abaisse tout de suite à côté de 6 le dernier chiffre du dividende qui est ici 4, pour dire en 64 combien de fois 8 ? Il y est 8 fois : après avoir écrit 8 au quotient, je fais la multiplication, et je retranche le produit 64 ; et comme il ne reste rien, j'en conclus que 14464 contiennent 8 fois 1808.

De la Division par un nombre de plusieurs chiffres.

62. Lorsque le diviseur aura plusieurs chiffres, on se conduira de la manière suivante :

Prenez sur la gauche du dividende autant de chiffres, qu'il est nécessaire pour contenir le diviseur.

Cela posé, au lieu de chercher, comme ci-devant, combien la partie du dividende que vous avez prise, contient votre diviseur entier, cherchez seulement combien de fois le premier chiffre de votre diviseur est compris dans le premier chiffre de votre dividende ; ou dans les deux premiers, si le premier chiffre ne suffit pas, marquez ce quotient sous le diviseur, comme ci-devant.

Multipliez successivement , selon la règle donnée (60) , tous les chiffres de votre diviseur par ce quotient , et portez à mesure les chiffres du produit sous les chiffres correspondans de votre dividende partiel. Faites la soustraction, et à côté du reste abaissez le chiffre suivant du dividende, pour continuer l'opération de la même manière.

Nous allons éclaircir ceci par quelques exemples , et prévenir en même temps les cas qui peuvent causer quelque embarras.

EXEMPLE I.

On propose de diviser 75347 par 53.

$$
\begin{array}{r|l}
75347 & \ \ 53 \\
53 & \ 1421 \ \tfrac{34}{53} \\
\hline
223 & \\
212 & \\
\hline
114 & \\
106 & \\
\hline
87 & \\
53 & \\
\hline
34 &
\end{array}
$$

Je prends seulement les deux premiers chiffres du dividende , parce qu'ils contiennent le diviseur, et au lieu de dire en 75 combien de fois 53 , je cherche seulement combien les sept dixaines de 75 contiennent les 5 dixaines de 53 , c'est-à-dire , combien 7 contient 5 , je trouve une fois , et j'écris 1 au quotient.

Je multiplie 53 par 1 , et je porte le produit 53 sous 75 : la soustraction faite , il reste 22 , à côté duquel j'abaisse le chiffre 3 du dividende , et je poursuis, en disant pour plus de facilité : en 22 combien de fois 5 ? (au lieu de dire : en 223 combien de fois 53), je trouve 4 fois , j'écris 4 au quotient.

Je multiplie successivement par 4 les deux chiffres du diviseur, et je porte le produit 212 sous mon dividende partiel 223 , la soustraction faite , j'ai pour reste 11 ; j'abaisse à côté de ce reste , le chiffre 4 du dividende , et je dis simplement comme ci-dessus , en 11 combien de fois 5 ? 2 fois ; j'écris 2 au quotient , et je multiplie 53 par 2 , ce qui me donne 106 que j'écris sous le dividende partiel 014 , faisant la soustraction, j'ai pour reste 8 , à côté duquel j'abaisse le dernier chiffre 7 , je divise de même 87 ; et continuant comme ci-dessus , je trouve 1 pour quotient , et 34 pour reste , que j'écris à côté du quotient de la manière qui a été indiquée plus haut (60).

63. On devrait, à la rigueur, chercher combien de fois chaque dividende partiel contient le diviseur entier; mais cette recherche serait souvent longue et pénible; on se contente, comme on vient de le voir, de chercher combien la partie la plus forte de ce dividende contient la partie la plus forte du diviseur. Le quotient qu'on trouve par cette voie n'est pas toujours le véritable, parce qu'en prenant ce parti, on ne fait réellement qu'une estimation approchée; mais, outre que cette estimation met presque toujours sur le but, et que dans le cas où elle n'y met pas, elle s'en écarte peu, la multiplication qui vient ensuite sert à redresser ce qu'il peut y avoir de défectueux dans ce jugement. En effet, si le dividende partiel contenait réellement le diviseur 3 fois, par exemple, et que, l'essai qu'on fait, on eût trouvé qu'il le contient 4 fois, il est facile de voir qu'en faisant la multiplication par 4, on aurait un produit plus grand que le dividende, puisqu'on prendrait le diviseur plus de fois qu'il n'est réellement dans ce dividende, et par conséquent la soustraction deviendrait impossible, alors on diminuera le quotient successivement d'une, deux, trois, etc. unités, jusqu'à ce qu'on trouve un produit qu'on puisse retrancher; au contraire, si l'on n'avait mis que 2 au quotient, le reste de la soustraction se trouverait plus grand que le diviseur : ce qui prouverait que le diviseur y est encore contenu, et par conséquent le quotient est trop faible.

Au reste, on acquiert en peu de temps l'usage de prévoir de combien on doit diminuer ou augmenter le quotient que donne la première épreuve.

EXEMPLE II.

On propose de diviser 189492 par 375.

$$
\begin{array}{r|l}
180492 & 375 \\
1875 & \overline{505 \frac{117}{375}} \\
\cline{1-1}
992 & \\
1875 & \\
\cline{1-1}
117 &
\end{array}
$$

Je prends les quatre premiers chiffres du dividende, parce que les trois premiers ne contiennent pas le diviseur.

Je dis ensuite, en 18 seulement combien de fois 3? il y est réellement 6 fois : mais en multipliant 375 par 6, j'aurais plus que mon dividende 1894; c'est pourquoi j'écris seulement 5 au quotient. Je multiplie 375 par 5, et après avoir écrit le produit sous 1894, je fais la soustraction, et j'ai pour reste 19.

J'abaisse à côté de 19 le chiffre 9 du dividende; et comme 119 que j'ai alors ne contient pas 375, je pose 0 au quotient, et j'abaisse à côté de 119 le chiffre 2 du dividende ; ce qui me donne 1992 pour lequel je dis, en 19 seulement combien de fois 3 ? 6 fois. Mais par la même raison que ci-dessus, je n'écris au quotient que 5 ; et après avoir opéré comme ci-devant, j'ai pour reste 117.

64. Voici une réflexion qui peut servir à éviter, dans un grand nombre de cas, les tentatives inutiles. On est principalement exposé à ces essais douteux, lorsque le second chiffre du diviseur est sensiblement plus grand que le premier. Dans ce cas, au lieu de chercher combien le premier chiffre du diviseur est contenu dans la partie correspondante du dividende, il faut chercher combien ce premier chiffre augmenté d'une unité, se trouve contenu dans la partie correspondante du dividende : cette épreuve sera toujours beaucoup plus approchante que la première.

EXEMPLE.

On propose de diviser 1832 par 288.

$$\begin{array}{c|l} 1832 & 288 \\ 1728 & \overline{6 \ \frac{104}{288}} \\ \hline 104 & \end{array}$$

Au lieu de dire, en 18 combien de fois 2 ? je dirai, en 18 combien de fois 3 ? parce que le diviseur 288 approche beaucoup plus de 300 que de 200 ; je trouve 6, qui est le véritable quotient ; au lieu que j'aurais trouvé 9, et j'aurais par conséquent été obligé de faire trois essais inutiles.

Moyen d'abréger la Méthode précédente.

65. C'est pour rendre la méthode plus facile à saisir, que nous avons prescrit d'écrire sous chaque dividende partiel, le produit qu'on trouve en multipliant le diviseur par le quotient ; mais comme le but de l'Arithmétique doit être d'abréger les opérations, nous croyons devoir faire remarquer qu'on peut se dispenser d'écrire ces produits, et faire la soustration à mesure qu'on a multiplié chaque chiffre du diviseur. L'exemple suivant suffira pour faire entendre comment se fait cette soustraction.

EXEMPLE.

On veut diviser 756984 par 932.

$$\begin{array}{c|l} 756984 & 932 \\ 1138 & \overline{812 \ \frac{200}{932}} \\ 2063 & \\ \hline 200 & \end{array}$$

Après avoir pris les quatre premiers chiffres du dividende qui sont nécessaires pour contenir le diviseur, je trouve que 25 contient 9, 8 fois; c'est pourquoi j'écris 8 au quotient, et au lieu de porter sous 7569, le produit de 932 par 8, je multiplie d'abord 2 par 8, ce qui me donne 16 : mais comme je ne puis ôter 16 de 9, j'emprunte sur le chiffre suivant 6, une dixaine, qui, jointe à 9, me donne 19, duquel ôtant 16, il me reste 3, que j'écris au-dessous.

Pour tenir compte de cette dixaine empruntée, au lieu de diminuer d'une unité le chiffre 6 sur lequel j'ai emprunté, je retiens cette unité que je vais ajouter au produit suivant; ainsi continuant la multiplication, je dis 8 fois 3 font 24, et un que j'ai retenu font 25, comme je ne puis ôter 25 de 6, j'emprunte sur le chiffre suivant 5 du dividende, deux dixaines qui, jointes à 6, me donnent 26, desquels j'ôte 25, et il me reste 1, que j'écris sous 6; par-là j'ai tenu compte de la première dixaine dont j'aurais dû diminuer 6, parce que j'ai retranché une dixaine de plus. Je tiendrai, de même, compte des deux dixaines que je viens d'emprunter. Je continue donc en disant : 8 fois 9 font 72, et 2 que j'ai empruntés font 74, lesquels ôtés de 75, il reste 1.

J'abaisse à côté du reste 113 le chiffre 8 du dividende, et je continue de la même manière, en disant : en 11 combien de fois 9? 1 fois, puis une fois 2 fait 2, qui ôtés de 8 il reste 6; une fois 9 fait 9, qui ôtés de 3 il reste 0; une fois 9 et 9, qui ôtés de 11, il reste 3. J'abaisse le chiffre 2 à côté du reste 206, et je dis en 20 combien de fois 9? 2 fois; et faisant la multiplication, 2 fois 2 font 4, qui ôtés de 4, il reste 0; 2 fois 3 font 6, qui ôtés de 6 reste 0; et enfin 2 fois 9 font 18, qui ôtés de 20, il reste 2.

66. Il peut arriver dans le cours de ces divisions partielles, que le dividende contienne le diviseur plus de 9 fois; cependant on ne doit jamais mettre plus de 9 au quotient, car si l'on pouvait seulement mettre 10, ce serait une preuve que le quotient trouvé par l'opération précédente serait faux; puisque la dixaine qu'on trouverait dans le quotient actuel, appartiendrait à ce premier quotient.

67. Si le dividende et le diviseur étaient suivis de zéro, on pourrait en ôter à l'un et à l'autre autant qu'il y en a à la suite de celui qui en a le moins. Par exemple, pour diviser 8000 par 400, je diviserai seulement, 80 par 4; car il est évident que 80 centaines ne contiennent pas plus de fois 4 centaines, que 80 unités ne contiennent 4 unités.

De la Division des parties décimales.

68. Pour ne point nous arrêter à des distinctions superflues, nous réduirons l'opération de la division des décimales à cette règle seule.

Mettez à la suite de celui des deux nombres proposés, qui a le moins de décimales, un nombre de zéros suffisant pour que le nombre des décimales soit le même dans chacun ; cela ne changera rien à la valeur de ce nombre (30) ; supprimez la virgule dans l'un et dans l'autre, et faites l'opération comme pour les nombres entiers ; il n'y aura rien à changer au quotient que vous trouverez.

EXEMPLE.

On propose de diviser 12,52 par 4,3

J'écris. . . . . 12,52 | 4,3

Ou plutôt. . . . 12,52 | 4,30

en complétant le nombre des décimales.

Supprimant la virgule, j'ai 1252 à diviser par 430 ; faisant l'opération :

$$1252 \mid 430$$
$$395 \mid 2\frac{592}{430}$$

Je trouve 2 pour le quotient, et 392 pour reste, c'est-à-dire, que le quotient est 2 et $\frac{592}{430}$.

Mais comme l'objet qu'on se propose, quand on se sert de décimales, est d'éviter les fractions ordinaires, au lieu d'écrire le reste 392 sous la forme de fraction, comme on vient de le faire, on continuera l'opération comme dans l'exemple suivant :

EXEMPLE.

$$\begin{array}{c|c} 1252 & 430 \\ 3920 & 2,9116 \\ 590 & \\ 700 & \\ 2700 & \\ 120 & \end{array}$$

Après avoir trouvé le quotient en entier, qui est ici 2, on mettra à côté du reste 392, un zéro qui, à la vérité, rendra ce reste dix fois trop grand; on continuera de diviser par 430; et ayant trouvé qu'il faudrait mettre 9 au quotient, on l'y mettra en effet, mais après avoir marqué la place des unités entières, en mettant une virgule après le 1; par ce moyen, le 9 ne marquera plus que des dixièmes : après la multiplication ou la soustraction faites, on mettra à côté du reste 50 un zéro, ce qui est la même chose que si l'on en avait mis d'abord deux à côté du dividende; mais en mettant après le 9 le quotient 1 qu'on trouvera, on lui donnera par là sa véritable valeur, puisqu'alors il marque des centièmes; on continuera ainsi tant qu'on le jugera nécessaire. En s'en tenant à deux décimales, on a la valeur du quotient à moins d'un centième d'unité près : en poussant jusqu'après trois chiffres, on a le quotient à moins d'un millième près, et ainsi de suite, puisqu'on n'aurait pas pu mettre une unité de plus ou de moins, sans rendre le quotient trop fort ou trop faible.

Tous les restes de division peuvent être réduits ainsi en décimales.

Il reste à expliquer pourquoi la suppression de la virgule dans le dividende et dans le diviseur ne change rien au quotient, lorsqu'on a rendu le nombre de décimales le même dans chacun de ces deux nombres : c'est ce qui est aisé d'apercevoir, parce que dans l'exemple ci-dessus le dividende 12,52 et le diviseur 4,30 ne sont autre chose que 1252 centièmes et 430 centièmes, puisque les unités entières valent des centaines de centièmes (22), or, il est clair que 1252 centièmes ne contiennent pas autrement 430 centièmes, que 1252 unités ne contiennent 430 unités; donc la considération de la virgule est inutile quand on a complété le nombre des décimales.

69. Lorsqu'on a besoin de connaître le quotient d'une division que jusqu'à un degré d'exactitude proposé, on peut abréger le calcul par la méthode suivante. Nous supposerons d'abord qu'on a besoin de connaître ce quotient, qu'à une unité près; nous ferons voir ensuite comment on doit appliquer la méthode, pour l'avoir aussi près qu'on voudra, voici la règle.

Supprimez sur la droite du dividende, autant de chiffres, moins un, qu'il y en a dans le diviseur : faites ensuite la division comme à l'ordinaire s'il n'y a point de reste, vous mettrez à la suite du quotient autant de zéros que vous avez supprimé de chiffres dans le dividende. Mais s'il y a un reste, vous continuerez de diviser, non pas par le même diviseur qu'auparavant ce qui n'est plus possible, mais par ce diviseur dont vous aurez supprimé le dernier chiffre de la droite : après cette division, vous diviserez le nouveau reste par le diviseur précédent, dont vous supprimez le dernier chiffre sur la droite; et vous continuerez ainsi de diviser, en supprimant à chaque division un chiffre sur la droite du diviseur.

EXEMPLE.

On veut savoir , à moins d'une unité près , le quotient de 8789236487 divisé par 64423. Je supprime les quatre derniers chiffres de la droite du dividende , et je divise 878923 par le diviseur proposé 64423.

$$
\begin{array}{r|l}
878923 & 64423 \\
234693 & 13643o \\
41424\ldots 6442 & \\
2772\ldots 644 & \\
196\ldots 64 & \\
4\ldots 6 &
\end{array}
$$

Je trouve d'abord 13 pour quotient , et 41424 pour reste : je divise donc 41425 par 6442 , en supprimant le dernier chiffre 3 du diviseur : j'ai pour quotient 6 que j'écris à la suite du premier quotient 13 ; et le reste est 2772 que je divise par 644 en supprimant un chiffre sur la droite du diviseur primitif : j'ai pour quotient 4 que j'écris à la suite du quotient principal 136 , le reste est 196 que je divise par 64 , en supprimant encore un chiffre dans le diviseur, le quotient est 3 , et le reste 4. Enfin , je divise par 6 , et j'ai o pour quotient ; en sorte que le quotient de 8789236487 divisé par 64423, est 13643o , à moins d'une unité près. En effet , le quotient exact est 23643o $\frac{6597}{64423}$.

Il n'est pas indispensable d'écrire à chaque fois, comme nous l'avons fait, le nouveau diviseur ; on peut se contenter de barrer , dans le diviseur primitif , chaque chiffre à mesure qu'on passe à une nouvelle division : ce n'a été que pour rendre l'opération plus sensible , que nous avons écrit ces diviseurs à côté des restes successifs.

70. Si le reste de la première division se trouvait plus petit que n'est le diviseur après qu'on en a supprimé le dernier chiffre , on mettrait zéro au quotient : et s'il se trouvait encore plus petit que ne serait ce diviseur, après qu'on en a encore ôté le dernier des chiffres restans , on mettrait encore un zéro au quotient , et ainsi de suite.

EXEMPLE.

Pour avoir , à moins d'une unité près , le quotient de 55106054 divisé par 643 , je divise , comme à l'ordinaire , la partie 551060 qui reste après la suppression des deux derniers chiffres du dividende proposé.

$$
\begin{array}{r|l}
551060 & 643 \\
3666 & 85701 \\
4510 & \\
009\ldots 64 & \\
9\ldots 6 & \\
3 &
\end{array}
$$

J'ai pour quotient 857 , et 9 pour reste : il faut donc diviser ce reste par 64 seulement : comme 9 ne contient pas ce diviseur , je mets o au quotient , et j'ai encore pour reste 9 , que je divise par 6 seulement , en sorte que le quotient cherché est 85 701 , à moins d'une unité près.

71. Si lorsqu'au commencement de l'opération on supprime sur la droite du dividende les chiffres que la règle prescrit de supprimer, il se trouve que ces chiffres restans ne contiennent pas le diviseur, on supprimera tout de suite, sur la droite du diviseur, autant de chiffres qu'il est nécessaire pour que le diviseur y soit contenu.

EXEMPLE.

On veut avoir, à moins d'une unité près, le quotient de 1611527 divisé par 64524.

Je supprime les quatre chiffres 1527 de la droite du dividende. Mais comme les chiffres restans 161 ne peuvent pas être divisés par 64524, je supprime, dans ce diviseur, les trois derniers chiffres 524 qui doivent être supprimés pour que ce diviseur soit contenu dans le dividende restant 161; ainsi je divise 161 par 64, en opérant comme dans l'exemple précédent,

$$
\begin{array}{r|l}
 & 64 \\
161 & \overline{25} \\
33\ldots\ldots 6 & \\
3 &
\end{array}
$$

et j'ai 25 pour le quotient de 1611527 divisé par 64524, à moins d'une unité près; en effet, le quotient exact est $24\dfrac{6295}{64524}$ qui est beaucoup plus près de 25 que de 24.

72. A mesure qu'on supprime un chiffre dans le diviseur, il convient, pour plus d'exactitude, d'augmenter d'une unité le dernier de ceux qui restent, si celui qu'on supprime est au-dessous de 5 ou égal à 5. On augmentera, de même, d'une unité, le dernier des chiffres qui restent dans le dividende, après la suppression que la règle prescrit, si ceux-ci surpassent ou 5, ou 60, ou 500, selon qu'il y en a 1, ou 2, ou 3, etc.

EXEMPLE.

On veut avoir, à moins d'une unité près, le quotient de 8657627 divisé par 1987.

Je divise donc 8658 par 1987, comme il suit :

$$
\begin{array}{r|l}
 & 1987 \\
8658 & \overline{4357} \\
710\ldots & 199 \\
113\ldots: & 20 \\
13\ldots & 2
\end{array}
$$

c'est-à-dire qu'au lieu de diviser le reste 710 par 198 seulement, je le divise par 199, parce que le dernier chiffre 7, que je supprime, est au-dessus de 5. Même raison pour la division suivante. Mais comme le dernier diviseur qui est contenu 6 fois $\frac{1}{2}$ dans 13, est un peu trop fort, je mets 7 au quotient pour compenser.

73. Maintenant il est facile de voir ce qu'il y a à faire, lorsqu'on veut avoir le quotient beaucoup plus exactement. Par exemple, si l'on voulait avoir le quotient à un dix-millième, d'unité près, la question se réduirait à mettre autant de zéros (ici ce serait quatre) à la suite du dividende, qu'on veut avoir de décimales au quotient; après quoi on fera la division selon la méthode actuelle. Et lorsqu'on aura trouvé le quotient, à moins d'une unité près, on en séparera sur la droite, par une virgule, autant de chiffres qu'on voulait avoir de décimales.

EXEMPLE.

On veut avoir, à moins d'un dix-millième d'unité près, le quotient de 6927 divisé par 4532; je mets quatre zéros à la suite de 6927, et la question se réduit à avoir, à moins d'une unité près, le quotient de 69270000 divisé par 4532, c'est-à-dire conformément à la règle ci-dessus, à diviser 69270 par 4532, comme il suit.

$$
\begin{array}{r|l}
69270 & 4`32 \\
23950 & \overline{1,5286} \\
1290\ldots.453 & \\
384.,\ldots45 & \\
24\ldots4 & \\
\end{array}
$$

le quotient cherché est donc 1,5286, à moins d'un dix-millième d'unité près.

S'il y avait des décimales dans le dividende, ou dans le diviseur, ou dans tous les deux, on les ramènerait d'abord à n'en point avoir, selon ce qui a été dit (68), après quoi on opérerait comme dans le dernier exemple.

Donc si l'on voulait réduire une fraction proposée, en décimales, on y parviendrait promptement par cette méthode, ayant égard à ce qui a été dit (71).

Ainsi, si l'on veut réduire $\frac{4253}{9678}$ en décimales, et en avoir la valeur à moins d'un millième d'unité près on aura 4253000 à diviser par 9678; ce qui (6) se réduira à diviser 4253 par 9678, et (71 et 92) à diviser 4253 par 968, selon la méthode actuelle. On trouvera donc 439, en sorte qu'on aura 0,439 pour la valeur de $\frac{4253}{9878}$, à moins d'un millième près.

Il pourrait néanmoins arriver que le quotient trouvé d'après les règles fût fautif de 1, 2; ou 3 unités dans le dernier chiffre. Quoique ce cas doive se rencontrer très-rarement, il n'est pas inutile de faire observer qu'on peut toujours le prévenir facilement, en ne séparant, au commencement de l'opération, sur la droite du dividende, qu'autant de chiffres moins deux qu'il y en a dans le diviseur, en opérant du reste comme ci-dessus. Lorsque le quotient sera trouvé, on supprimera le dernier chiffre, en observant d'ajouter une unité au dernier de ceux qui resteront si celui qu'on supprime est plus grand que 3.

Preuve de la Multiplication et de la Division.

74. On peut tirer de la définition même que nous avons donnée de chacune de ces deux opérations, le moyen d'en faire la preuve.

Puisque dans la multiplication on prend le multiplicande autant de fois que le multiplicateur contient d'unités, il s'en suit que si l'on cherche combien de fois le produit contient le multiplicande, c'est-à-dire (59), si l'on divise le produit par le multiplicande, *on* doit trouver, pour quotient, le multiplicateur, et comme on peut prendre le multiplicande pour le multiplicateur, et *vice versâ*, en général, *si l'on divise le produit, d'une multiplication par l'un de ses facteurs, on doit retrouver pour quotient l'autre facteur.*

Par exemple, ayant trouvé ci-dessus (50) que 2864 multiplié par 6 a donné 17184, je divise 17184 par 2864; je dois trouver, et je trouve en effet, 6 pour quotient.

Pareillement, puisque le contient d'une division marque combien de fois le dividende contient le diviseur, il s'ensuit que si l'on prend le diviseur autant de fois qu'il est marqué par le quotient, c'est-à-dire, si l'on multiplie le diviseur par le quotient, on doit reproduire le dividende, lorsque la division a été faite sans reste, et que, dans le cas où il y a un reste, si l'on multiplie le diviseur par le quotient, et qu'au produit on ajoute le reste de la division, on doit reproduire le dividende.

Par exemple, nous avons trouvé ci-dessus (63) que 189492 divisé par 375, donnait 505 pour quotient, et 117 pour reste. En multipliant 375 par 505, on trouve 189375, auquel ajoutant le reste 117 on retrouve le dividende 189492.

Ainsi la multiplication et la division peuvent se servir de preuve réciproquement.

Mais on peut vérifier ces opérations par un moyen plus prompt que nous allons exposer; il ne faut pas, pour cela, négliger les réflexions que nous venons de faire; elles seront utiles dans beaucoup d'autres occasions.

Preuve par 9.

75. Supposons qu'après avoir multiplié 65498 par 454, et trouvé que le produit est 29736092, on veuille éprouver si ce produit est exact.

On ajoutera tous les chiffres 6, 5, 4, 9, 8, du multiplicande comme s'ils ne contenaient que des unités simples, on retranchera 9 à mesure qu'il se trouvera dans la somme : on aura un reste qui sera ici 5.

On ajoutera pareillement les chiffres 4, 5, 4, du multiplicateur; et retranchant pareillement tous les 9 que produira cette addition, on aura pour reste 4.

On multipliera le reste 5 du multiplicande par le reste 4 du multiplicateur, et du produit 20 on retranchera les 9 qu'il peut renfermer; il restera 2.

Si le produit est exact, il faut qu'ajoutant de même tous les chiffres 2, 9, 7, 3, 6, 0, 2, de ce produit, et retranchant tous les 9, il ne reste aussi que 2 ; ce qui a lieu en effet.

Cette règle est fondée sur ce principe que, pour avoir le reste de la soustraction de tous les 9 qu'un nombre peut renfermer, il n'y a qu'à chercher le reste que ces chiffres, ajoutés comme des unités simples, donneraient après la suppression des 9.

En effet, si d'un nombre exprimé par un seul chiffre suivi de plusieurs zéros, on retranche tous les 9, le reste sera exprimé par ce seul chiffre. Si de 400, ou de 5000, ou de 60000, vous retranchez tous les 9, le reste sera 4, ou 5, ou 6, etc., ce qui est aisé à voir.

Donc le reste que donnerait, par la suppression des 9, un nombre tel que 65498 (qui est la même chose que 60000, plus 5000, plus 400, plus 90, plus 8) sera le même que celui que donneraient 6, plus 5, plus 4, plus 9, plus 8 ; c'est-à-dire, le même que si l'on ajoutait ces chiffres comme contenant des unités simples.

En voici maintenant l'application à la preuve de la multiplication.

Puisque 65498 est composé d'un certain nombre de 9 et d'un reste 5, et que le multiplicateur 453 est composé aussi d'un certain nombre de 9 et d'un reste 4, il ne peut s'en falloir que du produit de 5 par 4 ou 20, que le produit total ne soit divisible par 9, ou, en ôtant les 9, il ne doit s'en falloir que de 2 pour que le produit total ne soit divisible par 9, donc il doit rester au produit la même quantité que dans le produit des deux restes, après la suppression des 9 qu'il renferme.

On pourrait faire aussi cette épreuve de la même manière par le nombre 3.

A l'égard de la division, elle devient facile à prouver d'après ce qui a été dit (70). Après avoir ôté du dividende le reste qu'a donné la division, on regardera le résultat comme un produit dont le diviseur et le quotient sont les facteurs, et par conséquent on y appliquera la preuve par 9, de la même manière qu'on vient de le faire.

A parler exactement, cette vérification n'est pas infaillible, parce que dans la multiplication, par exemple, si l'on s'était trompé de quelques unités sur quelques chiffres du produit, et qu'en même temps on eut fait une erreur égale, mais en sens contraire, sur quelque autre chiffre du même produit ; comme cela ne changerait rien au reste que l'on aurait après la suppression des 9, cette règle ne ferait point apercevoir l'erreur ; mais comme il faut, ainsi qu'on le voit, au moins deux erreurs, et deux erreurs qui se compensent, ou qui ne diffèrent que d'un certain nombre de fois 9, les cas où cette vérification serait fautive seront très-rares dans l'usage.

Quelques usages de la Règle précédente.

76. La division sert non-seulement à trouver combien de fois un nombre en contient un autre, mais encore à partager un nombre en parties égales. Prendre la moitié, le tiers, le quart, le cinquième, le vingtième, le trentième, etc., d'un nombre, c'est diviser ce nombre par 2, 3, 4, 5, 20, 30, etc., ou le partager en 2, 3, 4, 5, 6, 20, 30, etc., parties égales, pour prendre une de ces parties.

Entre plusieurs exemples de cet usage de la division, nous choisissons le cas où l'on veut trouver une quantité moyenne entre plusieurs autres. Supposons qu'ayant fait dix épreuves d'un même mortier, on ait eu les dix portées suivantes :

COUPS.	PORTÉES.
1	. . . . 1231 toises.
2	 1192
3	 1223
4	 1200
5	 1227
6	 1144
7	 1186
8	 1219
9	 1229
10	 1164
Sommes des portées.	12015
Portée moyenne.	1201 $\frac{5}{10}$

Ce qu'on entend par une quantité moyenne, c'est ce que serait chaque quantité, si leur valeur totale restant la même, elles étaient toutes égales. Or, il est clair que si elles étaient toutes égales, pour avoir la valeur de chacune, il faudrait partager leur totalité en autant de parties qu'il y a de quantités. Il faut donc ici partager la somme de 12015 en dix parties, c'est-à-dire, la diviser par 10 : le quotient 1201 $\frac{5}{10}$ est la quantité ou la partie moyenne, que l'on appelle ainsi, parce qu'elle tient une espèce de milieu entre toutes les autres.

Dans les calculs ordinaires de la pratique, on rejette la fraction quand elle est au-dessous d'une demi-unité, et lorsqu'au contraire elle est au-dessus, ou qu'elle vaut cette demi-unité, on compte une unité de plus.

La division sert encore à convertir les unités d'une certaine espèce, en unités d'une espèce supérieure; par exemple, un certain nombre de deniers en sous, et ceux-ci en livres. Pour réduire

5864 deniers en sous, on remarquera que, puisqu'il faut 12 deniers pour faire un sou, autant de fois il y aura 12 deniers dans 5864 deniers, autant il y aura de sous; il faut donc diviser par 12, et on trouvera 488 sous et 8 deniers de reste. Pour réduire en livres les 488 sous, on divisera 488 par 20, puisqu'il faut 20 sous pour faire la livre, et on aura en total 24 livres 8 sous 8 deniers.

A l'occasion de cette division par 20, nous remarquerons que quand on a à diviser par un nombre suivi de zéro, on peut abréger l'opération en séparant sur la droite du dividende autant de chiffres qu'il y aura de zéro; or, divise la partie qui reste à gauche par les chiffres significatifs du diviseur; s'il y a un reste, on écrit à sa suite les chiffres qu'on a séparés, ce qui donne le reste total. Par exemple pour diviser 5834 par 20, je sépare le dernier chiffre 4, et je divise par 2 la partie restante 583, j'ai pour quotient 291 et un pour reste; j'écris à côté de ce reste 1 le chiffre séparé 4, ce qui me donne 14 pour reste total, en sorte que le quotient est $291\frac{14}{20}$.

Cette observation peut être appliquée à la réduction de la charge d'un navire en tonneaux de poids. Si l'on sait que la charge est de 2584954 ℔, pour la réduire en tonneaux, c'est-à-dire, pour diviser par 2000, on séparera les trois derniers chiffres de la droite et prenant la moitié des autres, on aura 1292 tonneaux et 954 ℔.

Quand on veut évaluer en livres et sous le vingtième d'un nombre de livres proposé, il suit de cette règle que l'opération se réduit à compter le dernier chiffre pour des sous, et prendre moitié des autres chiffres que l'on comptera pour des livres. Si en prenant cette moitié, il reste une unité, on la comptera pour une dixaine de sous qu'on placera à la gauche du chiffre qu'on a séparé d'abord. Par exemple, si l'on veut avoir le vingtième de 54672 livres, on séparera le dernier chiffre 2 que l'on comptera pour 2 sous; et prenant la moitié de 5467, qui est 2733, avec une unité de reste on écrira 2733 livres 12 sous. La raison de cette règle est évidente, en faisant attention que 54672 est 54660 livres, plus 12 livres; or, le vingtième de 54660 est évidemment 2733, et celui de 12 livres est de 12 sous, puisque le vingtième d'une livre est un sou. S'il y avait des sous et des deniers dans la somme proposée, on négligerait les deniers, dont la vingtième partie ne peut jamais faire un denier. A l'égard des sous, on le triplerait; et prenant le cinquième, on les porterait aux deniers. Ainsi le vingtième de 45672 liv. 17 s. 7 den. est 2283 liv. 11 sous 10 deniers.

S'il s'agissait d'avoir le dixième d'un nombre de livres, on séparerait le dernier chiffre, et l'ayant doublé, on le compterait pour des sous, et on compterait comme des livres tous les chiffres restans sur la gauche. Ainsi le dixième de 67987 liv. est 6798 liv. 14 s. La raison pour laquelle on double le dernier chiffre, est que le dixième d'une livre est 2 sous.

On a assez souvent besoin de prendre les 4 deniers pour livre d'une somme proposée: cela se réduit à prendre d'abord le vingtième, comme il vient d'être dit: puis prendre le tiers de ce vingtième. Ainsi pour avoir les quatre deniers pour livre de 8762 livres, j'en prends le vingtième qui est 438 livres 2 sous dont le tiers 146 liv. 0 s. 8 den. forme les quatre deniers pour livre de 8762 liv. En effet, les quatre deniers pour livre ne sont autre chose que le soixantième, puisque quatre deniers sont contenus 60 fois dans la livre. Or, le soixantième est le tiers du vingtième.

Des Fractions.

77. Les fractions considérées arithmétiquement, sont des nombres par lesquels on exprime les quantités plus petites que l'unité.

78. Pour se faire une idée nette des fractions, il faut concevoir que la quantité qu'on a prise d'abord pour unité, est elle-même composée d'un certain nombre d'unités plus petites, comme l'on conçoit, par exemple, que la livre est composée de vingt parties ou de vingt unités plus petites qu'on appelle *sous*.

Une ou plusieurs de ces parties forment ce qu'on appelle une *fraction de l'unité*. On donne aussi ce nom aux nombres qui représentent ces parties.

79. Une fraction peut être exprimée en nombres de deux manières qui sont chacune en usage.

La première manière consiste à représenter, comme les nombres entiers, les parties de l'unité que contient la quantité dont il s'agit; mais alors on donne un nom particulier à ces parties. Ainsi pour marquer 7 parties dont on en conçoit 20 dans la livre, on emploierait le chiffre 7, mais on prononcerait 7 sous, et on écrirait 7 : cette manière de marquer les parties de l'unité a lieu dans les nombres *complexes*, dont nous parlerons dans la suite.

80. Mais quand il faudrait un signe particulier pour chaque division qu'on pourrait faire de l'unité, on évite cette multiplication de signes, en marquant une fraction pour deux nombres placés l'un au-dessus de l'autre, et séparait par un trait. Ainsi pour marquer les sept parties dont il vient d'être question, on écrit $\frac{7}{20}$; c'est-à-dire, qu'on général on écrit d'abord le nombre qui marque combien la quantité dont il s'agit contient de parties de l'unité, et on écrit au-dessous de ce nombre, celui qui marque combien on conçoit de ces parties dans l'unité.

81. Et pour énoncer une fraction, on énonce d'abord le nombre supérieur qui s'appelle le *numérateur*; ensuite le nombre inférieur qui s'appelle le *dénominateur*; mais on ajoute au nom de celui-ci la terminaison *ième*. Par exemple, pour énoncer $\frac{7}{20}$, on prononcera *sept vingtièmes*; pour énoncer $\frac{4}{5}$, on prononcera *quatre cinquièmes*; et par cette expression *quatre cinquièmes*, on doit entendre quatre parties, dont il en faudrait 5 pour composer l'unité.

Il faut seulement excepter de la terminaison générale, les fractions dont le dénominateur est 2 ou 3 ou 4, qui se prononcent *moitiés* ou *demies*, *tiers*, *quarts*. Ainsi ces fractions $\frac{1}{2}$, $\frac{2}{3}$, $\frac{3}{4}$, se prononceraient *un demi*, *deux tiers*, *trois quarts*.

82. Le numérateur marque donc combien la quantité représentée par la fraction contient de parties de l'unité; et le dénominateur

fait connaître de quelle valeur sont ces parties, en marquant combien il faut pour composer l'unité. On lui donne le nom de dénominateur, parce que c'est lui en effet qui donne le nom à la fraction, et qui fait que dans les deux fractions, par exemple, $\frac{3}{5}$, et $\frac{2}{7}$, les parties de la première s'appellent des *cinquièmes*, et les parties de la seconde des *septièmes*.

83. Le numérateur et le dénominateur s'appellent aussi, d'un nom commun, les *deux termes de la fraction*.

Des Entiers considérés sous la forme de Fraction.

84. Les opérations qu'on fait sur les fractions conduisent souvent à des résultats fractionnaires, dont le numérateur est plus grand que le dénominateur, par exemple, à des résultats tels que $\frac{8}{8}$, $\frac{27}{6}$, etc.

Ces sortes d'expression ne sont pas des fractions proprement dites, mais ce sont des nombres entiers joints à des fractions.

85. Pour extraire les entiers qui s'y trouvent renfermés, il faut diviser le numérateur par le dénominateur. Le quotient marquera les entiers, et le reste de la division sera le numérateur de la fraction qui accompagne ces entiers. Ainsi $\frac{27}{5}$ donneront $5\frac{2}{5}$, c'est-à-dire, cinq entiers et deux cinquièmes.

En effet dans l'expression $\frac{27}{5}$, le dénominateur 5 fait connaître que l'unité est composée de 5 parties; donc autant de fois il y aura 5 dans 27, autant il y aura d'unités entières dans la valeur de la fraction $\frac{27}{5}$.

86. Les multiplications et les divisions des nombres entiers joints aux fractions, exigent, du moins pour la facilité, qu'on convertisse ces entiers en fractions.

On fait cette conversion en multipliant le nombre entier par le dénominateur de la fraction en laquelle on veut réduire cet entier. Par exemple, si l'on veut convertir 8 entiers en cinquièmes, on multipliera 8 par 5, et on aura $\frac{40}{5}$. En effet, lorsqu'on veut convertir 8 en cinquièmes, on regarde l'unité comme composée de 5 parties, les 8 unités en contiendront donc 40; pareillement, $7\frac{4}{9}$ convertis en neuvièmes feront $\frac{67}{9}$.

Des changemens qu'on peut faire subir aux deux termes d'une Fraction sans changer sa valeur.

87. Il est visible que, plus on concevra de parties dans l'unité, plus il faudra de ces parties pour composer une même quantité.

88. Donc on peut rendre le dénominateur d'une fraction double, triple, quadruple, etc., sans rien changer à la valeur de la fraction, pourvu qu'en même temps on rende aussi le numérateur double, triple, quadruple, etc.

On peut donc dire , en général , qu'*une fraction ne change point de valeur , quand on multiplie ses deux termes par un même nombre*.

Ainsi $\frac{3}{4}$ est la même chose que $\frac{6}{8}$, $\frac{1}{2}$ la même chose que $\frac{2}{4}$, que $\frac{4}{8}$, que $\frac{8}{16}$, etc.

89. Par un raisonnement semblable, on voit que, moins on supposera de parties dans l'unité, moins il faudra de ses parties pour former une même quantité ; que par conséquent , on peut , sans changer une fraction , rendre son dénominateur 2, 3, 4, etc., fois plus petit , pourvu qu'en même temps on rende son numérateur 2 , 3 , 4 , etc. , fois plus petit ; et en général, *une fraction ne change point de valeur , quand on divise ses deux termes par un même nombre*.

Pour voir distinctement la vérité de ces deux proportions , il suffit de se rappeler ce que c'est que le dénominateur , et ce que c'est que le numérateur d'une fraction.

Remarquons donc que multiplier et diviser les deux termes d'une fraction par un même nombre, n'est point multipl er ou diviser la fraction , puisque, comme nous venons de dire , elle ne change point la valeur par ses opérations.

Les deux principes que nous venons de poser sont la base des deux réductions suivantes qui sont d'un très-grand usage.

Réduction des Fractions à un même dénominateur.

90. 1°. Pour réduire deux fractions à un même dénominateur, multipliez les deux termes de la première , chacun par le dénominateur de la seconde , et les deux termes de la seconde , chacun par le dénominateur de la première.

Par exemple, pour réduire à un même dénominateur les deux fractions $\frac{2}{3}$, $\frac{3}{4}$, je multiplie 2 et 3 qui sont les deux termes de la première fraction , chacun par 4 , dénominateur de la seconde , et j'ai $\frac{8}{12}$ qui (88) et de même valeur que $\frac{2}{3}$.

Je multiplie de même les deux termes 3 et 4 de la seconde fraction , chacun par 3 , dénominateur de la première , et j'ai $\frac{9}{12}$ qui est de la même valeur que $\frac{3}{4}$, en sorte que les fractions $\frac{2}{3}$ et $\frac{3}{4}$ sont changés en $\frac{8}{12}$ et $\frac{9}{12}$, qui sont respectivement de même valeur que celles-là , et qui ont le même dénominateur entre elles.

Il est aisé de voir que par cette méthode , le dénominateur sera toujours le même pour chacune des deux nouvelles fractions; puisque dans chaque nouvelle opération le nouveau dénominateur est formé de la multiplication des deux dénominateurs primitifs.

94. 2° Si l'on a plus de deux fractions, on les réduira toutes au même dénominateur, en multipliant les deux termes de chacune par le produit résultant de la multiplication des dénominateurs des autres fractions.

Par exemple, pour réduire à un même dénominateur les quatre fractions $\frac{2}{5}, \frac{3}{4}, \frac{4}{5}, \frac{3}{7}$, je multiplierai les deux termes 2 et 3 de la première, par le produit des trois dénominateurs 4, 5, 7, des autres fractions; produit que je trouve en disant : 4 fois 5, font 20, puis 7 fois 20, font 140; je multiplie donc 2 et 5 chacun par 140, et j'ai $\frac{280}{420}$ qui est de la même valeur que $\frac{2}{5}$ (88).

Je multiplie pareillement les deux termes 3 et 4 de la seconde fraction, par le produit de 3, 5, 7, produit que je forme en disant : 5 fois 5 font 15, puis 7 fois 15 font 105; je multiplie donc 5 et 4, chacun par 105, ce qui me donne $\frac{515}{420}$, fraction de même valeur que $\frac{3}{4}$.

Passant à la troisième fraction, je multiplie ces deux termes 4 et 5 chacun par 84, produit des trois dénominations, 3, 4, et 7, et j'ai $\frac{556}{420}$ au lieu de $\frac{4}{5}$.

Enfin pour la quatrième, je multiplierai 5 et 7, chacun par le produit 60 des dénominateurs, 3, 4, 5, des trois premières fractions, et j'aurai $\frac{500}{420}$ au lieu de $\frac{5}{7}$; en sorte que les quatre fractions $\frac{2}{5}, \frac{3}{4}, \frac{4}{5}, \frac{5}{7}$ sont changées en $\frac{280}{420}, \frac{515}{420}, \frac{516}{420}, \frac{500}{420}$, moins simples à la vérité, que celles-là; mais de même valeur qu'elle, et susceptibles, par leur dénominateur commun, des opérations de l'addition et de la soustraction.

Remarquons que le dénominateur de chaque nouvelle fraction étant formé du produit de tous les dénominateurs primitifs, ce nouveau dénominateur ne peut manquer d'être le même pour chaque fraction.

Cette règle peut être présentée sous un autre aspect, qui conduit à donner une expression plus simple des fractions réduites à un dénominateur commun, lorsque leurs dénominateurs actuels sont multiples les uns des autres, ou lorsqu'ils ont des diviseurs communs.

On prendra pour dénominateur commun, le plus petit nombre qui soit divisible exactement par chacun des dénominateurs des fractions proposées; et pour avoir le numérateur qui, pour chaque fraction, conviendra à ce nouveau dénominateur, on multipliera le numérateur actuel de cette fraction par le nombre de fois que son dénominateur actuel est contenu dans le dénominateur commun.

Par exemple, si j'avais les fractions $\frac{2}{5}, \frac{3}{4}, \frac{5}{8}, \frac{3}{8}, \frac{7}{12}$, à réduire à un même dénominateur, je prendrais pour dénominateur commun 24, qui est le plus petit nombre qui soit exactement divisible par tous les dénominateurs : et comme 24 contient les dénominateurs 3, 4, 6, 8, 12, autant de fois qu'il est exprimé par les nombres suivans 8, 6, 4, 2, j'écris comme on le voit ici, ces nombres chacun sous sa fraction correspondante.

$$\frac{2}{5} \quad \frac{5}{4} \quad \frac{5}{6} \quad \frac{5}{8} \quad \frac{7}{12}$$
$$8 \quad 6 \quad 4 \quad 3 \quad 2$$

Et multipliant chaque numérateur par le terme correspondant de la suite inférieure, j'ai

$$\frac{16}{24} \quad \frac{18}{24} \quad \frac{20}{24} \quad \frac{9}{24} \quad \frac{14}{24}$$

pour les fractions réduites au dénominateur commun le plus simple.

Réduction des Fractions à leur simple expression.

92. Une fraction est d'autant plus simple, que ses deux termes sont de plus petits nombres. Il est souvent possible d'amener une fraction proposée à être exprimée par de moindres nombres, et cela lorsque son numérateur et son dénominateur peuvent être divisés par un même nombre. Comme cette opération n'en change point la valeur (89), c'est une simplification qu'on ne doit point négliger.

Voici le procédé qu'il faudra suivre :

93. On divisera le numérateur et le dénominateur chacun par 2 ; et on répétera cette division tant qu'elle pourra se faire exactément.

On divisera ensuite les deux termes par 3, et on continuera de diviser l'un et l'autre par 3, tant que cela pourra se faire.

On fera la même chose successivement avec les nombres 5, 7, 11, 13, 17, etc., c'est-à-dire avec les nombres qui n'ont aucun diviseur qu'eux-mêmes, ou l'unité, et qu'on appelle *nombres premiers*.

Ainsi la seule difficulté qu'il y ait, est de savoir quand on pourra diviser par 2, 3, 5, etc.

On pourra, dans cette recherche, s'aider des principes suivans :

94. Tout nombre qui finit par un chiffre pair est divisible par 2.

Tout nombre qui finit par des chiffres ajoutés ensemble, comme s'ils étaient des unités simples, fera 3 ou un *multiple* de 3, c'est-à-dire, un nombre exact de fois 3, sera divisible par 3.

Par exemple, 54231 est divisible par 3, parce que ces chiffres 5, 4, 2, 3, 1, font 15, qui est 5 fois 3.

La même chose a lieu pour le nombre 9; et les chiffres ajoutés ensemble font 9 ou un multiple de 9.

Cette propriété du nombre 3 se démontre comme celle du nombre 9, à très-peu de chose près, et l'un et l'autre se démontrent comme on l'a fait à la preuve de 6 (75).

Tout nombre terminé par un 5 ou par un zéro est divisible par 5.

A l'égard du nombre 7 et des suivans, quoiqu'il soit facile de trouver de pareilles règles, comme l'examen qu'elle suppose est aussi long que la division, il faudra essayer la division.

Proposons-nous, par exemple, de réduire la fraction $\frac{2016}{5796}$. Je divise les deux termes par 2, parce que les deux derniers chiffres de chacun sont pairs, et j'ai $\frac{1008}{2898}$. Je divise encore par 2 et j'ai $\frac{504}{1449}$. Ce qui a été dit ci-dessus m'apprend que je puis diviser par 3, je divise en effet par 3 et j'ai $\frac{168}{483}$; je divise encore par 3, ce qui me donne $\frac{58}{661}$, enfin j'essaie de diviser par 7; la division réussit et me donne $\frac{8}{23}$.

La raison pour laquelle nous prescrivons de ne tenter la division par les nombres premiers, 2, 3, 5, 7, etc., c'est qu'après avoir épuisé la division par 2, par exemple, il est inutile de tenter de diviser par 4, puisque si celle-ci pouvait réussir; à plus forte raison la division par 2 aurait-elle encore pu se faire.

95. De tous les moyens qu'on peut employer pour réduire une fraction à une expression plus simple, le plus direct est celui de diviser les deux termes par le plus grand diviseur commun qu'ils puissent avoir : voici la règle pour trouver ce plus grand diviseur commun.

Divisez le plus grand des deux termes par le plus petit; s'il n'y a point de reste, c'est le plus petit terme qui est le plus grand diviseur commun.

S'il y a un reste, divisez le plus petit terme par ce reste, et si la division se fait exactement, c'est ce premier reste qui est le plus grand diviseur commun.

Si cette seconde division donne un reste, divisez le premier reste par le second, et continuez toujours de diviser le reste précédent par le dernier reste, jusqu'à ce que vous arriviez à une division exacte. Alors le dernier diviseur que vous aurez employé sera le plus grand diviseur des deux termes de la fraction.

Si le dernier diviseur se trouve être l'unité, c'est une preuve que la fraction ne peut être réduite.

Prenons pour exemple la fraction $\dfrac{3760}{9024}$

Je divise 9024 par 3760; j'ai pour quotient 2, et pour reste 1504.
Je divise 3760 par 1504; j'ai pour quotient 2, et pour reste 752.

Je divise le premier reste 1504 par le second reste 752, la division réussit.

et j'en conclus que 752 peut diviser les deux termes de la fraction $\dfrac{3760}{9024}$, et la réduire à sa plus simple expression, qu'on trouve en faisant l'opération, être $\dfrac{5}{12}$.

En effet, on a trouvé que 752 divise 1504; il doit donc diviser 3760 qu'on a vu être composé de deux fois 1504, et de 752: on voit de même qu'il doit diviser 9024, puisque 9024 est composé de deux fois 3760 et de 1504.

On voit de plus que 752 est le plus grand commun diviseur que puissent avoir 3760 et 9024, car il ne peut y avoir de diviseur commun entre 9024 et 3760, qui ne le soit en même temps de 8260 et 1504, et entre ces deux-ci il ne peut y en avoir un qui ne soit en même temps diviseur commun de 1404 et de 752, mais il est évident qu'entre ces deux-ci il ne peut y en avoir de diviseur commun plus grand que 752, donc, etc.

Différentes manières dont on peut envisager une Fraction et conséquence qu'on peut en tirer.

96. L'idée que nous avons donnée jusqu'ici d'une fraction, est que le dénominateur représente de combien de parties l'unité est composée; et le numérateur, combien il y a de ces parties dans la quantité que la fraction exprime.

On peut encore envisager une fraction sous un autre point de vue; on peut considérer le numérateur comme représentant une certaine quantité qui doit être divisée en autant de parties qu'il y a d'unités dans le dénominateur. Par exemple, dans $\frac{4}{5}$, on peut considérer 4 comme représentant 4 choses quelconques, 4 liv., par exemple, qu'il s'agit de partager en cinq parties; car il est évident que c'est la même chose de partager 4 liv en cinq parties pour prendre une de ses parties, ou de partager une livre en cinq parties pour prendre 4 de ces parties.

97. On peut donc considérer le numérateur d'une fraction comme un dividende, et le dénominateur comme un diviseur. On voit par-là ce que signifient les restes des divisions mis sous la forme que nous leur avons donnée (60).

98. Il suit de là. 1°. qu'un entier peut toujours être mis sous la forme d'une fraction, en faisant de cet entier le numérateur, et lui donnant l'unité pour dénominateur; ainsi 8 ou $\frac{8}{1}$ sont la même chose; ou $\frac{5}{1}$ sont la même chose.

99. 2°. Que pour convertir une fraction quelconque en décimales, il n'y a qu'à considérer le numérateur comme un reste de division ou le dénominateur était le diviseur, et opérer par conséquent comme il a été dit (8, exemple II); en observant de mettre d'abord un zéro au quotient pour tenir la place des unités; c'est ainsi qu'on trouvera que $\frac{3}{5}$ valent en décimales 0,6; que $\frac{5}{9}$ valent 0,555, etc., que $\frac{1}{25}$ vaut 0,04, et ainsi de suite.

C'est ainsi qu'on peut réduire en décimales tout nombre complexe proposé. Par exemple, il s'agit de réduire $5\,\mathrm{t}\;5\,\mathrm{p}\;7\,p\;5l$ en décimales de la toise, de manière à ne pas négliger une demi-ligne ; j'observe que la toise contient 864 lignes, et par conséquent 1728 demi-lignes ; il faut donc, pour ne pas négliger les demi-lignes, porter l'exactitude au-delà des millièmes, c'est-à-dire jusqu'aux dix millièmes.

Cela posé, je réduis les $5\mathrm{p}\;7p\;5l$ tout en demi lignes, et j'ai 6830 demi-lignes, ou $\frac{6850}{1728}$ de la toise ; réduisant cette fraction en décimales, comme il vient d'être dit, on a $0{,}9525$, et par conséquent $3\mathrm{t}\;9525$ pour le nombre proposé.

Des opérations de l'Arithmétique sur les Fractions.

100. On fait sur les fractions les mêmes opérations que sur les nombres entiers. Les deux premières opérations, l'addition et la soustraction, exigent le plus souvent une opération préparatoire ; les deux autres n'en exigent point.

De l'addition des Fractions.

101. Si les fractions ont le même dénominateur, on ajoutera tous les numérateurs et l'on donnera à la somme le dénominateur commun de ces fractions. Ainsi, pour ajouter $\frac{2}{7},\frac{3}{7},\frac{5}{7}$, j'ajoute les numérateurs 2, 3, 5, et j'ai par conséquent $\frac{10}{7}$ que je réduis à $1\frac{3}{7}$ (85).

102. Si les fractions n'ont pas le même dénominateur, on commencera par les y réduire d'après ce qui a été enseigné (90 et 91) après quoi on ajoutera ces nouvelles fractions de la manière qui vient d'être prescrite. Ainsi si l'on propose d'ajouter $\frac{5}{4},\frac{2}{3},\frac{4}{5}$, je change ces trois fractions en trois autres $\frac{45}{60},\frac{40}{60},\frac{48}{60}$, dont la somme est $\frac{133}{60}$ qui se réduit à $2\frac{13}{60}$ (85).

De la soustraction des Fractions.

103. Si les deux fractions proposées ont le même dénominateur on retranchera le numérateur de l'une du numérateur de l'autre, et on donnera au reste le dénominateur commun de ces deux fractions. S'il est question de retrancher $\frac{5}{9}$ de $\frac{8}{9}$, le reste sera $\frac{3}{9}$ qui se réduit à $\frac{1}{3}$ (93).

104. Si de $9\frac{5}{8}$, on voulait retrancher $4\frac{7}{8}$; comme on ne peut ôter $\frac{7}{8}$ de $\frac{5}{8}$, on emprunterait sur 9 une unité, laquelle réduite en huitièmes et ajoutée à $\frac{5}{8}$ ferait $\frac{13}{8}$, desquels ôtant $\frac{7}{8}$, il resterait $\frac{6}{8}$; ôtant ensuite 4 de 8 qui restent après l'emprunt, il resterait en tout $4\frac{6}{8}$ ou $4\frac{3}{4}$.

4

105. Si les fractions n'ont pas le même dénominateur, on les y réduira (90 et 91); après quoi on fera la soustraction comme il vient d'être dit. Ainsi, pour ôter $\frac{2}{3}$ de $\frac{3}{4}$, je change ces fractions en $\frac{8}{12}$ et $\frac{9}{12}$, et retranchant 8 de 9, il me reste $\frac{1}{12}$.

De la multiplication des Fractions.

106. *Pour multiplier une fraction par une fraction, il faut multiplier le numérateur de l'une par le numérateur de l'autre, et le dénominateur par le dénominateur.* Par exemple, pour multiplier $\frac{2}{3}$ par $\frac{4}{5}$, on multipliera 2 par 4, ce qui donnera 8 pour numérateur; multipliant pareillement 3 par 5, on aura 15 pour dénominateur, et par conséquent $\frac{8}{15}$ pour le produit.

Pour sentir la raison de cette règle, il faut se rappeler que multiplier un nombre par un autre, c'est prendre le multiplicande autant de fois que le multiplicateur contient d'unités. Ainsi multiplier $\frac{2}{3}$ par $\frac{4}{5}$, c'est prendre les $\frac{4}{5}$ de fois la fraction $\frac{2}{3}$, ou plus exactement, c'est prendre 4 fois le cinquième de $\frac{2}{3}$; or, en multipliant le dénominateur 3 par 5, on change les tiers en quinzième, c'est-à-dire, en parties cinq fois plus petites, et en multipliant le numérateur 2 par 4, on prend ces nouvelles parties quatre fois, on prend donc quatre fois la cinquième partie de $\frac{2}{3}$: on multiplie donc $\frac{2}{3}$ par $\frac{4}{5}$.

107. Si l'on avait un entier à multiplier par une fraction, ou une fraction à multiplier par un entier, on mettrait l'entier sous la forme de fraction, en lui donnant l'unité pour dénominateur. Par exemple, si j'ai 9 à multiplier par $\frac{4}{7}$, cela se réduit à multiplier $\frac{9}{1}$ par $\frac{4}{7}$, ce qui selon la règle qu'on vient de donner, produit $\frac{36}{7}$ qui se réduisent à 5 $\frac{1}{7}$.

On voit donc que pour multiplier une fraction par un entier ou un entier par une fraction, l'opération se réduit à multiplier le numérateur de cette fraction par l'entier.

108. S'il y avait des entiers joints aux fractions, il faudrait, avant de faire la multiplication, réduire ces entiers chacun en fraction de même espèce que celle qui l'accompagne. Par exemple, si l'on a $12\frac{3}{5}$ à multiplier par $9\frac{3}{4}$, je change (80) le multiplicande en $\frac{63}{5}$ et le multiplicateur en $\frac{59}{4}$, et je multiplie $\frac{63}{5}$ par $\frac{59}{4}$ selon la règle ci-dessus (106), ce qui me donne $\frac{2457}{20}$ qui valent $122\frac{17}{20}$:

On pourrait encore faire cette même opération, en multipliant l'entier et la fraction du multiplicande par l'entier du multiplicateur, puis par la fraction du même multiplicateur, en cette manière :

$$12\frac{5}{5}$$
$$9\frac{3}{4}$$

Produit de 12 par 9.	108
de $\frac{5}{5}$ par 9.	$5\frac{2}{5}$....ou $\frac{8}{20}$
de 12 par $\frac{5}{4}$.	9
de $\frac{5}{5}$ par $\frac{5}{4}$.	$\frac{9}{20}$....ou $\frac{9}{25}$

$$122\frac{17}{20}$$

Mais cette manière d'opérer est en général moins simple que la première.

Division des Fractions.

109. *Pour diviser une fraction par une fraction, il faut renverser les deux termes de la fraction qui sert de diviseur, et multiplier la fraction du dividende par cette fraction ainsi renversée.*

Par exemple, pour diviser $\frac{4}{5}$ par $\frac{2}{5}$, je renverse la fraction $\frac{2}{5}$, ce qui m'a donné $\frac{5}{2}$; je multiplie $\frac{4}{5}$ par $\frac{5}{2}$ selon la règle donnée (106), et j'ai $\frac{12}{10}$ ou $\frac{6}{5}$ pour le quotient de $\frac{4}{5}$ divisé par $\frac{2}{5}$.

Pour apercevoir la raison de cette règle, il faut observer que diviser $\frac{4}{5}$ par $\frac{2}{5}$. c'est chercher combien de fois $\frac{4}{5}$ contiennent $\frac{2}{5}$. Or, il est facile de voir que, puisque le diviseur est 2 tiers, il sera contenu dans le dividende trois fois autant que s'il était 2 entiers ; donc il faut diviser d'abord par 2 , et multiplier ensuite par 3, ce qui n'est autre chose que prendre trois fois la moitié du dividende, ou le multiplier par $\frac{5}{2}$ qui est la fraction du diviseur renversée.

110. Si l'on avait une fraction à diviser par un entier , ou un entier à diviser par une fraction, on commencera par mettre l'entier sous la forme de fraction , en lui donnant l'unité pour dénominateur : par exemple , si l'on a 12 à diviser par $\frac{5}{7}$, on réduira l'opération à diviser $\frac{12}{1}$ par $\frac{5}{7}$, ce qui, selon la règle qu'on vient de donner , se réduit à multiplier $\frac{12}{1}$ par $\frac{5}{7}$, et donne $\frac{84}{5}$ ou $16\frac{4}{5}$. Pareillement , si l'on avait $\frac{5}{4}$ à diviser par 5 , on réduirait l'opération à diviser $\frac{5}{4}$ par $\frac{5}{1}$, c'est-à-dire, à multiplier $\frac{5}{4}$ p ar $\frac{1}{5}$, ce qui donne $\frac{3}{20}$.

On voit donc que lorsqu'on a une fraction à diviser par un entier, l'opération se réduit à multiplier le dénominateur par cet entier.

111. S'il y avait des entiers joints aux fractions, on réduirait ces entiers chacun en fraction de même espèce que celle qui l'accompagne. Par exemple , si l'on avait $54\frac{3}{5}$ à diviser par $12\frac{3}{3}$, on changerait le dividende en $\frac{273}{5}$ et le diviseur en $\frac{38}{3}$, et l'opération

serait réduite à diviser $\frac{275}{5}$ par $\frac{5n}{5}$, c'est-à-dire (109), à multiplier 2 $\frac{275}{5}$ par $\frac{5}{58}$, ce qui donnerait $\frac{819}{190}$ ou $4\frac{59}{190}$.

De quelques applications des règles précédentes.

112. Après ce que nous avons dit (96), il est aisé de voir comme on peut évaluer une fraction. Qu'on demande, par exemple, ce que valent les $\frac{5}{7}$ d'une livre? puisque les $\frac{5}{7}$ d'une livre sont la même chose (96) que le septième de 5 livres, je réduits les 5 livres en sous (57), je divise les 100 sous qu'elles me donnent par 7, ce qui me donne 14 sous pour quotient, et 2 de reste : je réduis ces 2 sous en deniers, et je divise 24 deniers par 7; j'ai 3 deniers $\frac{3}{7}$. Ainsi les $\frac{5}{7}$ d'une livre sont 14 sous 3 deniers et $\frac{3}{7}$ de denier.

Si l'on demandait les $\frac{5}{7}$ de 24 livres, il est visible qu'on pourrait d'abord prendre, comme nous venons de le faire, les $\frac{5}{7}$ d'une livre; et multiplier ensuite par 24 ce qu'aurait donné cette opération, mais il est plus commode de multiplier d'abord $\frac{5}{7}$ par 24 livres, ce qui (107) donne $\frac{120}{7}$ livres, et d'évaluer encore cette dernière fraction qu'on trouvera valoir 17 livres 2 sous 10 deniers $\frac{2}{7}$.

On a souvent besoin de savoir ce que produisent les 4 deniers ou les 6 deniers pour livre d'une somme proposée.

Pour les 4 deniers, on séparera la dernier chiffre du nombre des livres de la somme proposée, et on prendra le sixième des autres, que l'on comptera pour des livres. On joindra le reste, s'il y en a, au chiffre séparé; on en prendra le reste $\frac{1}{3}$ qui donnera les sous et deniers.

Si dans la somme proposée il entre des sous, on en prendra le cinquième, que l'on comptera pour des deniers.

On demande les 4 deniers pour la livre de la somme de 3433# 13 s o d.

Le sixième de 343 est.	57	o	o
Il reste 1 qui, joint comme dixaine au chiffre séparé 3, donne 13, dont le tiers est.	o	4	4
Enfin le cinquième de 13 sous, considérés comme deniers, est	o	o	2
	57#	4s	6d

La raison de cette opération est fondée sur ce que les 4 deniers pour livre sont les $\frac{4}{240}$ ou le $\frac{1}{60}$ de la livre. Il faut donc diviser par 60, ce qui se réduit à ce que nous prescrivons : quand au reste, il faudrait la réduire en sous, en multipliant par 20, puis diviser par 60 : ce qui revient à prendre le tiers. On voit de même que pour le soixantième des sous de la somme proposée, il faudrait réduire ces sous en deniers, en les multipliant par 12: puis diviser par 60, ce qui revient à multiplier par $\frac{12}{60}$ ou $\frac{1}{5}$, ou bien à prendre le $\frac{9}{1}$, et s'il y avait des deniers dans la somme proposée, on les négligerait, parce que le soixantième de ces deniers ne donnerait pas un denier.

Pour prendre les six deniers pour livre, on voit en raisonnant de même, qu'il faut séparer le dernier chiffre des livres, prendre le quart des autres, que l'on comptera pour des livres, puis joignant le reste au chiffre séparé, prendre la moitié, qui donnera les sous et deniers.

S'il y a des sous dans la somme proposée, on en prendra les $\frac{5}{10}$, que l'on comptera pour les deniers.

Quant aux deniers de la somme proposée, on les rejettera.

EXEMPLE II.

On demande les six deniers pour livre de la somme de 1387# 13s 4d.

Le quart de 138 est.	34	0	0
Il reste 2 qui, mis à côté du chiffre séparé 7, dont 27, dont la moitié est.	0	13	6
Les $\frac{5}{10}$ de 13 sous, considérés comme deniers sont.	0	0	$3\frac{8}{10}$
Total.	34#	13s	9d

113. Les fractions décimales n'ayant point de dénominateur, sont encore plus faciles à évaluer. Si l'on demande, par exemple, combien valent, 0,532 de toise : comme la toise est de 6 pieds, je multiplierai 0,532 par 6, ce qui me donnera 3,192 pieds, c'est-à-dire 3P et 0,192 de pied; multipliant cette dernière fraction par 12 pour évaluer en pouces, on aura 2,304 pouces, c'est-à-dire, 2P et 0,304 de pouce, enfin multipliant celle-ci par 12 pour réduire en lignes, on aura 3,648 ou 3 l. et 0,648 de ligne, c'est-à-dire, que la valeur de la fraction 0,532 de toise sera 3 P. 2 p. 3 l. et 0,648 de de ligne.

114. L'évaluation des fractions nous conduit naturellement à parler des *fractions de fractions*. On appellera ainsi une suite de fractions séparées les unes des autres par l'article *de*. Par exemple, $\frac{2}{5}$ *de* $\frac{5}{4}$, *de* $\frac{2}{4}$ *de* $\frac{5}{6}$, etc., sont des fractions de fractions. On les réduit à une seule fraction, en multipliant tous les numérateurs entre eux et tous les dénominateurs entre eux : en sorte que la fraction $\frac{2}{5}$ *de* $\frac{5}{4}$ se réduit à $\frac{6}{12}$ ou $\frac{1}{2}$, la fraction $\frac{2}{5}$ *de* $\frac{1}{4}$ *de* $\frac{5}{6}$ se réduit à $\frac{50}{12}$ ou $\frac{15}{12}$.

En effet, il est facile de voir que prendre les $\frac{2}{5}$ de $\frac{5}{4}$ n'est autre chose que multiplier $\frac{5}{4}$ par $\frac{2}{5}$, puisque c'est prendre $\frac{2}{5}$ de fois la fraction $\frac{5}{4}$. Pareillement prendre les $\frac{2}{5}$ des $\frac{5}{4}$ de $\frac{5}{6}$, revient à prendre les $\frac{5}{12}$ de $\frac{5}{6}$, puisque $\frac{2}{5}$ *de* $\frac{5}{4}$ reviennent à $\frac{6}{12}$; et ce que l'on vient de dire fait connaître que les $\frac{6}{12}$ des $\frac{5}{6}$ reviennent à $\frac{50}{12}$ ou $\frac{5}{12}$.

Si l'on demandait les $\frac{5}{4}$ du 5$\frac{5}{8}$, on convertirait l'entier 5 en huitième, et la question serait réduite à évaluer la fraction de fraction $\frac{5}{4}$ de $\frac{45}{8}$ qu'on trouverait être $\frac{139}{32}$ ou 4$\frac{1}{32}$.

Au reste il n'est pas toujours nécessaire de ramener une fraction de fraction, à être exprimée par une seule fraction. On évalue quelquefois plus aisément la fraction de fraction, en la laissant sous sa forme actuelle, qu'en la
réduisant. En voici un exemple.

Dans les pièces de campagne, la saillie de l'embase sur le renfort en avant,
et joignant le tourillon, est de $\frac{1}{12}$ plus $\frac{1}{2}$ de $\frac{1}{12}$ de diamètre du boulet, si
je veux savoir la valeur totale de cette saillie pour une pièce de 12, ou le dia-
mètre du boulet est de 4 po 4 l. 9 pts, j'opère comme il suit :

	op	4 l	4 pts $\frac{1}{8}$
De $\frac{1}{12}$ du diamètre du boulet.			
La moitié du $\frac{1}{12}$ ou $\frac{1}{2}$ du $\frac{1}{12}$.	0	2	2 $\frac{1}{8}$
Donc la saillie est de . . .	0	6	6 $\frac{5}{8}$

Ajoutons à tout ce que nous avons dit sur les fractions, un
exemple qui renferme plusieurs des règles que nous avons établies.

Supposons qu'on veuille construire un vaisseau de 140 pieds $\frac{2}{5}$, de
longueur, que les distances entre les sabords, en y comprenant
l'espace entre le premier sabord et la rablure de l'étrave, et l'espace
entre le dernier sabord et la rablure de l'étembot fassent 108 $\frac{5}{4}$
pieds : on demande si l'on peut percer 12 sabords à la première
batterie de chaque bord.

De 140 pieds $\frac{2}{5}$ je retranche 108 $\frac{5}{4}$ (103 et suiv.), il me reste
31 $\frac{11}{12}$ pour les sabords; je divise 31 $\frac{11}{12}$ par 12, c'est-à-dire $\frac{585}{12}$ par
$\frac{12}{1}$ (86) et (110), j'ai pour quotient $\frac{585}{144}$ le pied, qui valent 2 pieds
et $\frac{95}{144}$, fraction qui, évaluée en pouces et lignes, vaut 7 pouces 11
lignes : ainsi il faudrait donner à chaque sabord 2 pieds 7 pouces
11 lignes : c'est-à-dire, 3 pieds 8 pouces à peu près; ce qui est une
mesure convenable pour un vaisseau de 140 pieds $\frac{2}{5}$.

115. Lorsqu'une fraction exprimée par des nombres un peu considérables, n'est pas réductible par la méthode donnée (95) et
qu'on peut se contenter d'en avoir une valeur approchée, on peut
y parvenir par la méthode suivante qui donne alternativement des
fractions plus grandes et plus petites que la proposée, mais toujours de plus en plus approchées, en sorte qu'à la dernière opération, on retombe sur la fraction proposée. Prenons pour exemple
la fraction $\frac{100000}{314159}$, qui comme on le verra en Géométrie, exprime
le rapport très-approché du diamètre à la circonférence; et proposons-nous d'exprimer cette fraction par d'autres fractions, moins
exactes à la vérité, mais exprimée par des nombres plus simples.

Divisez le numérateur et le dénominateur par le numérateur ;
vous aurez   Pour avoir une première
valeur approchée, 3 $\frac{14159}{100000}$ négligez la fraction qui accompagne
3, et vous aurez $\frac{1}{3}$ pour première valeur approchée, mais un peu
trop forte.

Pour avoir une valeur plus approchée, divisez le numérateur et le dénominateur de la fraction qui accompagne 3, chacun par le numérateur de cette fraction, et vous aurez

$$3\cfrac{1}{\cfrac{1}{7}\ \overline{487}}$$
$$7\ \overline{14559}$$

; négligez la fraction qui accompagne 7, et vous

aurez $3\cfrac{1}{-\frac{1}{7}}$, ou (86) $\cfrac{1}{-\frac{22}{7}}$ ou (110) $\frac{7}{22}$ pour seconde

valeur qui est plus approchée que la première, mais un peu trop faible.

Pour avoir une valeur encore plus approchée, divisez le numérateur et le dénominateur de la fraction qui accompagne 7, chacun par le numérateur de cette fraction, vous aurez

$$3\ \ \cfrac{1}{\ }$$
$$7\ \ \cfrac{1}{\ }$$
$$16\ \frac{864}{887}$$

: supprimez la fraction qui accompagne 15, et

vous aurez $\cfrac{1}{3\ \cfrac{1}{7\ \ 15}}$ qui revient à $\frac{106}{555}$ valeur plus approchée ;

mais un peu plus forte.

Pour avoir une valeur plus approchée, divisez les deux termes de la fraction qui accompagne 15, chacun par le numérateur 854, et vous aurez $\cfrac{1}{3\ \cfrac{1}{7\ \cfrac{1}{15\ 1}}}$; négligeant la fraction $\frac{53}{854}$, vous

$$1\ \frac{53}{854}$$

aurez pour valeur plus approchée $\frac{115}{555}$, mais qui est un peu trop faible. On voit à présent comment on peut continuer.

Des Nombres complexes.

116. Quoique les règles que nous avons exposées jusqu'ici puissent servir aussi à calculer les nombres complexes; nous croyons cependant devoir considérer ceux-ci d'une manière plus particulière, parce que la division qu'on y fait de l'unité principale, en facilite souvent le calcul.

Il y a plusieurs sortes de nombres complexes, et les règles pour les calculer tiennent beaucoup à la division qu'on a faite de l'unité : cependant il n'est pas nécessaire d'examiner toutes ces espèces pour être en état de les calculer; mais il importe de savoir quels rapports les différentes parties ont, tant entre elles, qu'à l'égard de l'unité principale ; c'est par cette raison que nous donnons ici une table des nombres complexes dont l'usage est plus fréquent.

Table des unités de quelques espèces et caractères par lesquels on représente ces différentes unités.

POUR LES MONNAIES.

℔ signifie. . . . . . livre.	1 livre vaut. . . 20 sous.
s . . . . sou.	1 sou vaut. . . . 12 den:

POUR LES POIDS.

℔ signifie. . . . . livre.	1 livre (poids) vaut 2 marcs.
M. . . . . marc.	1 marc. . . . 8 onces.
O ou ℥. . . . . . onces.	1 once. . . . 8 gros.
G ou ℈. . . . . . gros.	1 gros 3 deniers ou scrupules.
D ou ℈ denier ou scrupule.	1 denier. . . . 24 grains.
g. . . . . grain.	

POUR L'ÉTENDUE DES LIGNES.

T signifie. . . . . toise.	1 toise vaut. . 6 pieds.
P. . . . . pied.	1 pied. . . . 12 pouces.
p. . . . . pouce.	1 pouce. . . 12 lignes.
l. . . . . ligne.	1 ligne. . . . 12 points.
pt. . . . . point.	

POUR LE TEMPS.

J. signifie. . . . jour.	1 jour vaut. . 24 heures.
H. . . . . . . heure.	1 heure. . . 60 minutes.
'. . . . . . . minute.	1 minute. . . 60 secondes.
". . . . . . . secondes.	1 seconde. . 60 tierces.

Nous donnerons en Géométrie les divisions des mesures relatives aux superficies et aux capacités des corps.

Tableau des poids et mesures employés dans l'Arithmétique, et des caractères qui servent à les désigner.

POUR LES MONNAIES.

Caractères.		Subdivisions.	deniers.
℔ signifie. . livre.			
s. . . . . sou.			
d. . . . . denier.		1 sol.	12
		1 livre.	20	240

POUR LE TEMPS.

j. signifie. . . . . jour.
h. . . . . heure.
" . . . . minute.
" . . . . seconde.

		secondes.
1 minute.		60
1 heure.	60	3600
1 jour.	24	1440	86400

POUR LES POIDS.

℔ signifie. . . . . livre.
M. . . . . marc.
O ou ℥ . . . . once.
G ou ʒ . . . . , gros ou gramme.
D ou ℈ . . . . denier ou scrupule.
G. . . , ... grain.

				grains.
1 denier				24
1 gros.			3	72
1 once.		8	24	576
1 marc.	8	24	192	4608
1 livre.	2	16	128	384	9216

POIDS ANGLAIS DE TROIE.

On se sert de ce poids, en Angleterre, pour les matières de petit volume et précieuses ; l'once vaut $585 \frac{1}{12}$ gr., poids de Paris.

				grains.
1 scrupule.				20
1 dragme.			3	60
1 marc.		8	24	480
1 livre.	12	96	288	5760

POIDS ANGLAIS.

On se sert de ce poids, en Angleterre, pour les matières pesantes et de gros volume ; on l'emploie dans l'artillerie ; l'once vaut $533 \frac{5}{8}$ grains, poids de Paris.

			dragmes.
1 once.			16
1 livre.		16	256
1 quintal.	112	1792	28672

POUR LES MESURES DE LONGUEUR.

T. signifie . . . . toise.
P . . . . pied.
p . . . . pouce.
l . . . . ligne.
pt . . . . point.

				points.
1 ligne.				12
1 pouce.			12	144
1 pied.		12	144	1728
1 toise.	6	72	864	10368

Chaque case de ces tables marque combien l'unité qui commence la même ligne horizontale, contient d'unités de l'espèce de celle qui répond verticalement au-dessus de cette même case.

Le pas ordinaire vaut. . . . . 2 pieds $\frac{1}{2}$.
Le pas géométrique. . . . . 5 pieds.
La brasse. . . . . 5 pieds.
L'aune de Paris. . . . . 3 pi. 7 p. 10 l $\frac{4}{5}$.
Le pied de roi étant divisé en. . . . 1440 parties.
Le pied de Londres en contient. . . . 1351,7.
Le pied du Rhin. . . . . 1392.

Addition des nombres complexes.

117. Pour faire cette opération, on écrit tous les nombres proposés les uns au-dessous des autres, de manière que toutes les parties d'une même espèce se trouve chacune dans une même colonne verticale, et après avoir souligné le tout, on commence l'addition par les parties de l'espèce la plus petite : si leur somme ne compose pas une unité de l'espèce immédiatement supérieure, on l'écrit sous les unités de son espèce, si elle renferme assez de parties pour composer une ou plusieurs unités de l'espèce immédiatement supérieure, on n'écrit au-dessous de cette colonne que l'excédent d'un nombre juste d'unités de cette seconde espèce, et on retient celles-ci pour les ajouter avec leurs semblables, sur lesquelles on procède de la même manière.

On propose d'ajouter. . . 227^{tt} 14s 8d
2549 18 5
184 11 11
17 10 7
2979^{tt} 15s 7d somme.

La somme des deniers est 31, qui renferme 2 douzaines de deniers, ou 2 sous et 7 deniers, je pose les sept deniers, et je retiens 2 sous que j'ajoute avec les unités de sous, ce qui donne 15 sous, dont je pose seulement le chiffre 5, et je retiens la dixaine pour l'ajouter aux dixaines, ce qui me donne 5; et comme il faut deux dixaines de sous pour faire une livre, je prends la moitié de 5 qui est 2, avec 1 pour reste; je pose ce reste, et je porte les 2 livres à la colonne des livres, que j'ajoute comme à l'ordinaire.

On propose d'ajouter. . . $54\text{T} \quad 2\text{P} \quad 3p \quad 9l$
$12 \quad 5 \quad 4 \quad 11$
$9 \quad 4 \quad 11 \quad 11$
$8 \quad 2 \quad 9 \quad 10$
—————————————
$85\text{T} \quad 3\text{P} \quad 6p \quad 5l$

La somme des lignes monte à 41, qui font trois pouces 5 lignes ; je pose cinq lignes et je retiens les 3 pouces que j'ajoute avec les pouces ; le tout me donne 30, qui valent 2 pieds 6 pouces ; je pose les 6 pouces, et je retiens les deux pieds qui, ajoutés avec les pieds, me donne 15 pieds qui valent 2T 3P, je pose les 3P et j'ajoute les deux toises avec les toises : le tout monte à 85, en sorte que la somme est 85T 3P 6p 5l (116).

Soustraction des nombres complexes.

118. Écrivez les nombres proposés, comme dans l'addition ; et commencez la soustraction par les unités de l'espèce la plus basse. Si le nombre inférieur peut être retranché du nombre supérieur, écrivez le reste au-dessous. S'il ne peut en être retranché, emprunter sur l'espèce immédiatement supérieure, une unité que vous réduirez à l'espèce dont il s'agit, et que vous ajouterez au nombre dont vous ne pouvez retrancher. Faites la même chose pour chaque espèce, et lorsque vous aurez été obligé d'emprunter, diminuez d'une unité le nombre sur lequel vous avez fait cet emprunt. Enfin, écrivez chaque reste, à mesure que vous le trouverez au-dessous du nombre qui l'a donné.

De. . . . . $143\# \quad 17s \quad 6d$
on veut ôter . . , . . $75\# \quad 12s \quad 9d$
—————————————
$68\# \quad 4s \quad 9d$

Ne pouvant ôter $9d$ de $6d$, j'emprunte $1s$, qui vaut 12 deniers, et 6 font 18, desquels ôtant 9, il me reste 9 ; j'ôte ensuite 12 sous, non pas de 17 sous, mais de 16 qui restent après l'emprunt, et il reste 4 ; enfin je retranche 75 liv. de 143 liv., et il me reste 68 liv.

De. . . . . $163\# \quad 0s \quad 5d$
on veut ôter . . . . $84\# \quad 18s \quad 9d$
—————————————
$78\# \quad 1s \quad 8d$ reste.

Comme je ne puis ôter $9d$ de $5d$, et que d'ailleurs il n'y a pas de sous sur lesquels je puisse emprunter, j'emprunte 1 liv. sur 163 liv.; mais j'en laisse, par la pensée, 19 sous à la place du zéro, après quoi j'opère comme ci-dessus.

Multiplication de nombres complexes.

119. On peut réduire généralement la multiplication des nombres complexes, à la multiplication d'une fraction par une fraction, multiplication dont nous avons donné la règle (106). Par exemple, si l'on demande ce que doivent coûter 54t 3p d'ouvrage, à raison de 42 liv. 17 sous 8 den. la toise; on peut réduire la multiplicande 42 liv. 17 s. 8 den., tout en deniers (57), ce qui donnera 10292 deniers et comme le denier est la 240ème partie de la livre, le multiplicande peut être représenté par $\frac{10292}{240}$ de la livre; pareillement on réduira le multiplicateur 53t 3p tout en pieds ce qui donnera 327p; et comme le pied est la sixième partie de la toise, on aura pour multiplier $\frac{10249}{249}$ de livre par $\frac{527}{8}$, ce qui (116) donnera $\frac{5865484}{2440}$ de livre qui (112) valent 2337 liv. 2 sous 10 deniers.

Cette méthode s'étend à toute espèce de nombre complexes, mais elle exige plus de calcul que celle que nous allons exposer; c'est pourquoi nous ne nous y arrêterons pas davantage.

120. Un nombre qui est contenu exactement dans un autre, est dit partie *aliquote* de cet autre : ainsi 3 est partie aliquote de 12, il en est de même de 2, de 4 et de 6.

Rappelons-nous que multiplier n'est autre chose que prendre le multiplicande un certain nombre de fois. Multiplier par $8\frac{3}{4}$, par exemple, c'est prendre le multiplicande 8 fois, et le prendre encore $\frac{3}{4}$ de fois, ou en prendre les $\frac{3}{4}$. Or, on peut prendre ces $\frac{3}{4}$, ou en prenant d'abord le quart, et l'écrivant 3 fois, ou bien en prenant d'abord la moitié, et ensuite la moitié de cette moitié : ainsi pour multiplier 84 par $8\frac{3}{4}$, j'écrirais. . .

$$
\begin{array}{r}
84 \\
8\frac{3}{4} \\
\hline
672 \\
42 \\
21 \\
\hline
735 \text{ produit.}
\end{array}
$$

En multipliant 84 par 8, j'aurais d'abord 672. Ensuite pour prendre les $\frac{3}{4}$ de 84, je prendrais d'abord la moitié qui est 42; puis pour prendre pour le quart restant, je prendrais la moitié de 42 qui est 21, et réunissant ces trois produits particuliers, j'aurais 735 pour le produit total.

121. Pour appliquer ceci aux nombres complexes, il faut remarquer que les différentes espèces d'unités au-dessous de l'unité

principale, sont des fractions les unes à l'égard des autres, et à l'égard de cette unité principale; que par conséquent, pour multiplier facilement par ces sortes de nombres, il faut faire en sorte de les décomposer en parties aliquotes de l'unité principale, de manière que ces parties aliquotes puissent être employées commodément; ou de les décomposer en parties aliquotes les unes des autres; et si cette décomposition ne fournit que des parties aliquotes qui ne soient pas commodes dans le calcul, on y suppléera par de faux produits; c'est ce que nous allons développer dans les exemples suivans.

EXEMPLE I.

On demande combien doivent coûter 54ᴛ 3ᴘ, à raison de 72 liv. la toise.

Il faut multiplier. . . . . $72^{\#}$
par. . . . . $54ᴛ$ $3ᴘ$
$$\overline{}$$
$288^{\#}$ os od
3600
36
$$\overline{}$$
$3924^{\#}$ os od

On multipliera d'abord, selon les règles ordinaires, 72 l. par 54. Ensuite pour multiplier par 3ᴘ, qui sont la moitié de la toise, et qui par conséquent ne doivent donner que la moitié du prix de la toise, on prendra la moitié de 72 liv., et additionnant, on aura 3924 liv. pour produit total.

EXEMPLE II.

Si on avait. . . . . $72^{\#}$
à multiplier par. . . . . . . $54ᴛ$ $5ᴘ$
$$\overline{}$$
$288^{\#}$ os od
360
36
24
$$\overline{}$$
$3948^{\#}$ os od

On multipliera d'abord 72 liv. par 54. Ensuite au lieu de multiplier par $\frac{5}{6}$, parce que 5 pieds font les $\frac{5}{6}$ de la toise, on décomposera 5ᴘ en 3ᴘ et 2ᴘ, dont le premier est la moitié, et le second, le $\frac{1}{3}$ de la toise; on prendra donc d'abord la moitié de 72 liv., et ensuite le $\frac{1}{3}$ de 72 liv., et on aura, en réunissant tous ces produits particuliers, 3948 liv. pour produit total.

EXEMPLE III.

Que l'on ait.	. . .	72^{tt}
à multiplier par.	. . .	$5\text{\tiny T}$ $4\text{\tiny P}$ $8\text{\tiny p}$

$$350^{tt} \text{ os od}$$
$$36$$
$$12$$
$$4$$
$$4$$
$$\overline{406^{tt} \text{ os od}}$$

Après avoir multiplié par 5ʀ, on multipliera par 4ᴘ, et pour cet effet on décomposera ce nombre en 3ᴘ et 1ᴘ ; pour 3ᴘ on prendra la moitié de 72 liv., qui est 56 l.; et pour un pied, on remarquera que c'est le $\frac{1}{2}$ de trois pieds, et par conséquent on prendra le $\frac{1}{3}$ de 36 liv., qui est de 12 liv. Ensuite pour multiplier par 8 pouces, au lieu de comparer ces 8 pouces à la toise, on les comparera au pied et on les décomposera en 4 pouces, et 4 pouces qui sont chacun le $\frac{1}{3}$ du pied, et qui par conséquent donneront chacun le $\frac{1}{3}$ de 12 liv. Enfin réunissant, on aura 416 liv. o sous o deniers pour produit.

122. Si le multiplicande est aussi un nombre complexe, on se conduira comme il va être expliqué dans l'exemple suivant :

EXEMPLE IV.

Si l'on a.	. . .	72^{tt} $6s$ $6d$
à multiplier par.	. .	$27\text{\tiny T}$ $4\text{\tiny P}$ $8\text{\tiny p}$

$$504^{tt} \text{ os od}$$
$$144$$
$$6 \quad 15 \quad 0$$
$$1 \quad 7 \quad 0$$
$$0 \quad 13 \quad 6$$
$$36 \quad 3 \quad 3$$
$$12 \quad 1 \quad 1$$
$$4 \quad 0 \quad 4 \tfrac{2}{5}$$
$$4 \quad 0 \quad 4 \tfrac{1}{5}$$
$$\overline{2009^{tt} \text{ os od} \tfrac{1}{6}}$$

On multipliera d'abord 72 par 27. Ensuite pour multiplier 6 sous par 27, on décomposera ces 6 sous en 5 sous et un sou. Les 5 sous faisant le quart de la livre, doivent, étant multipliés par 27, donner 27 fois le quart de la livre ou le quart de 27 liv., on prendra donc le quart de 27 liv. qui est 6 liv. 15 sous. Pour multiplier 1 sou par 27, on remarquera qu'un sou est la cinquième partie de 5 qu'on vient de multiplier ; ainsi on prendra le cinquième de 6 liv. 15 sous, qui sera 1 liv. 7 sous.

A l'égard des 6 deniers, on fera attention qu'ils sont la moitié d'un sou, et par conséquent on prendra la moitié de 1 liv. 7 sous qu'on a eu pour un sou.

Jusque-là tout le multiplicande est multiplié par 27.

Pour multiplier par 4 pieds, on s'y prendra de la même manière que dans l'exemple précédent, c'est-à-dire, que pour les 4ᴾ on prendra d'abord pour 3ᴾ la moitié de 36 liv. 3 sous 3 den. du multiplicande, et pour 1ᴾ le tiers de ce que donne les 3ᴾ.

Enfin, pour 8ᴾ on prendra 2 fois pour 4, c'est-à-dire, qu'on écrira 2 fois le tiers de ce qu'on vient d'avoir pour 1ᴾ : et réunissant toutes ces différentes parties, on aura 2009 liv. 0 s. 0 d. $\frac{1}{6}$ pour produit total.

123. Jusqu'ici les parties du multiplicande qu'il a fallu prendre ont été assez faciles à évaluer ; mais dans les cas où ces parties seraient plus composées, on se conduirait comme dans l'exemple suivant.

EXEMPLE V.

A raison de. . . . . 34ᴴ 10s 2d de la toise,
combien doivent coûter. . 17ᵀ

238ᴴ	0s	0d
34		
8	10	
0	17	
0	2	10
586ᴴ	12s	10d

Après avoir multiplié 34 liv. par 17, et ensuite les 10 sous par 17 en prenant moitié de 17, on multipliera 2 deniers qui sont la sixième partie d'un sou par conséquent la sixième partie de la dixième partie, ou (11 la 60ᵉ partie de 10 sous ; mais au lieu de prendre la 60ᵉ partie de 8 liv. 10 sous, il sera plus commode de faire un faux produit, et de prendre d'abord le dixième de ce qu'ont donné dix sous, c'est-à-dire le dixième de 8 liv. 10 sous ; ce dixième qui est 0 liv. 17 sous, est pour un sou ; mais comme il ne faut que pour le sixième d'un sou, on barrera ce faux produit, et on écrira ce sixième au-dessous.

EXEMPLE VI.

Combien pour 34 liv. 10 sous 8 deniers fera-t-on faire d'ouvrage, raison de 1 livre pour 17 toises ?

Il faut multiplier 17 toises par 34 liv. 10 sous 2 deniers, c'est-à-dire, prendre 17 toises autant de fois que la livre est contenue dans 34 livres 10 sous 2 deniers.

17ᵀ					
34ℓℓ	10s	2d			
68ᵀ	0ᴘ	0p	0l	0p	
51					
8	3				
~~0~~	~~5~~	~~1~~	~~2~~	~~4~~	~~$\frac{4}{5}$~~
0	0	10	2	4	$\frac{4}{5}$
586ᵀ	3ᴘ	10p	2l	4p	$\frac{4}{5}$

Ainsi on multipliera d'abord 17 par 34 ; ensuite , pour multiplier 17 toises par 10 sous , on prendra la moitié de 17 toises , parce que 10 sous sont la moitié de la livre : et on aura 8 toises 3 pieds. Pour multiplier par 2 deniers , on cherchera , pour plus de facilité , ce que donnerait un sou , en prenant le dixième de ce qu'ont donné 10 sous ; ce dixième est 0 toise 5 pieds 1 pouce 2 lignes 4 points et $\frac{8}{10}$ ou $\frac{4}{5}$ de points ; on le barrera , comme ne devant pas faire partie du produit , mais on en prendra le sixième pour avoir le produit de 2 deniers , et on écrira au-dessous ce sixième , qui est 0 toise 0 pied 10 pouces 2 lignes 4 points et $\frac{24}{30}$ ou $\frac{4}{5}$.

Nous avons donné cet exemple, principalement pour confirmer ce que nous avons dit (45), qu'il importait de distinguer le multiplicande du multiplicateur , lorsqu'ils sont tous les deux concrets. En effet, dans l'exemple précédent , ainsi que dans celui-ci, les facteurs du produit sont également 17 toises et 34 livres 10 sous 2 deniers ; cependant les deux produits sont différens.

Division d'un Nombre complexe par un Nombre incomplexe.

124. Si le dividende seul est complexe , et si en même temps le dividende et le diviseur ont des unités de différente espèce, on divisera d'abord les unités principales du dividende , selon la règle ordinaire ; ce qui restera de cette division, on le réduira (57) en unités de la seconde espèce, qu'on ajoutera avec celles de même espèce qui se trouveront dans le dividende , et on divisera le tout comme à l'ordinaire : on réduira pareillement le reste de cette division en unités de la troisième espèce , auxquelles on ajoutera celles de la même espèce qui se trouveront dans le dividende , et on divisera le tout comme ci-dessous ; on continuera de réduire les restes en unités de l'espèce suivante , tant qu'il s'en trouvera d'inférieures dans le dividende.

On a donné 4783 livres 3 sous 9 deniers pour paiement de 87 toises d'ouvrages ; on demande à combien cela revient la toise.

$$
\begin{array}{c|l}
\begin{array}{r}
4783^{tt} \ \ 3s \ \ 9d \\
433 \\
85 \\
\hline
1703s \\
833 \\
5o \\
\hline
6o_9d \\
ooo
\end{array}
&
\begin{array}{l}
87 \\
\hline
54^{tt} \ \ \text{\small 19}s \ \ 7d
\end{array}
\end{array}
$$

Il faut diviser 4783 livres 3 sous 9 deniers par 87, en commençant par les livres.

Les 4783 livres divisées par 87, selon la règle ordinaire, donneront 54 livres pour quotient, et 85 livres pour reste : ces 85 livres réduites en sous (57), donneront avec les 3 sous du dividende 1703 sous, qui, divisés par 87, donneront 19 sous pour quotient, et 5o sous pour reste : ces 5o sous réduits en deniers, donnent, avec les 9 deniers du dividende, 609 deniers, lesquels divisés par 87, donnent enfin 7 deniers pour quotient.

125. Mais si le dividende et le diviseur ont des unités de même espèce, il faut, avant de faire la division, examiner si le quotient doit être ou ne doit pas être de même espèce qu'eux, ce que l'état de la question décide toujours.

126. Dans le cas où le dividende et le diviseur étant de même espèce, le quotient devra aussi être de même espèce qu'eux, la division se fera précisément comme dans le cas précédent. Par exemple, si l'on proposait cette question : 1243 livres ont produit un bénéfice de 7254 livres, à combien cela revient-il par livre ? Il est évident que le quotient doit avoir des unités de même espèce que le dividende et le diviseur, c'est-à-dire, doit être des livres, et qu'on doit diviser 7254 livres par 1243, en réduisant, comme dans l'exemple précédent, le reste de cette division en sous ; et le second reste en deniers ; et on trouvera 5 livres 16 sous 8 deniers $\frac{780}{1243}$ pour réponse à la question.

127. Mais, lorsque le dividende et le diviseur étant de même espèce, le quotient devra être d'espèce différente, alors il faudra commencer par réduire (57) le dividende et le diviseur chacun à la plus petite espèce qui soit dans le dividende ; après quoi on fera la division comme dans le cas précédent, et on y traitera les unités du dividende comme si elles étaient de même espèce que celles

que doit avoir le quotient. Par exemple, si l'on proposait cette question, combien pour 7954 livres 11 sous 7 deniers fera-t-on faire d'ouvrage, à raison de 72 livres la toise? il est clair par la nature de la question, que le quotient doit être des toises et parties de toise. On réduira donc 79 4 liv. 11 sous 7 den. tout en deniers, ce qui donnera 1909099; on réduira pareillement 72 livres en deniers, et on aura 17280; on divisera 1909099 considérés comme des toises, par 17280, et on aura pour quotient 110 toises 2 pieds 10 pouces 6 lignes $\frac{9}{20}$.

Division d'un nombre complexe par un nombre complexe.

128. Lorsque le diviseur est aussi un nombre complexe, il faut le réduire à sa plus petite espèce (57), et multiplier le dividende par le nombre qui exprime combien il faut de parties de la plus petite espèce du diviseur pour composer l'unité principale de ce même diviseur; alors la division sera réduite au cas précédent où le diviseur serait incomplexe.

EXEMPLE.

57 toises 5 pieds 5 pouces d'ouvrage ont été payés 854 liv. 17 s. 11 den.; on demande à combien cela revient la toise? il faut diviser 854 liv. 17 s. 11 den. par 57 toises 5 pieds 5 pouces, et pour cet effet je réduis les 57 toises 5 pieds 5 pouces en pouces, ce qui me donne 4169 pour nouveau diviseur; et, comme il faut 72 pieds pour faire la toise, qui est l'unité principale du diviseur, je multiplie le dividende proposé 854 livres 17 sous 11 deniers par 72 (121), ce qui me donne 61552 livres 10 sous pour nouveau dividende, en sorte que je divise comme il suit.

$$
\begin{array}{r|l}
61552\text{\#} \quad 10s & 4169 \\
19862 & \overline{14\text{\#} \quad 15s \quad 3d\frac{1833}{4169}} \\
3186 & \\
\hline
6373 0s & \\
12040 & \\
1195 & \\
\hline
14340 d & \\
1833 &
\end{array}
$$

Les 61552 livres divisées par 4169 donnent 14 livres pour quotient, et 3186 pour reste. Ces 3186 liv. réduites en sous, donnent avec les 10 sous du dividende, 63730 sous, qui, divisés par 4169, donnent 15 sous pour quotient et 1195 sous de reste. Ces 1195 sous, réduits en deniers, valent 14340 deniers, lesquels divisés par 1469, donnent 3 deniers pour quotient, et 1833 deniers pour reste; en sorte que le quotient est 14 livres 15 sous 3 deniers $\frac{1833}{4169}$ de denier.

Pour entendre la raison de cette règle, il faut faire attention que les 57 toises 5 pieds 5 pouces, valent 4169 pouces, et le pouce étant la soixante-douzième partie de la toise, le diviseur est $\frac{4169}{72}$ de la toise, or, pour diviser par une fraction, il faut (109) renverser la fraction diviseur, et multiplier ensuite par cette fraction ainsi renversée : il faut donc ici multiplier par $\frac{72}{4169}$, ce qui revient à multiplier d'abord par 72, et à diviser ensuite par 4169, ainsi que le prescrit la règle que nous donnons.

Comme la division par un nombre complexe se réduit, ainsi qu'on vient de le voir, à la division par un nombre incomplexe, on doit avoir ici les mêmes attentions à l'égard de la nature des unités que nous avons eues (126 et 127).

Ce serait ici le lieu de parler du toisé ou de la multiplication et de la division géométriques : ces opérations ne diffèrent en rien, pour le procédé, de celle que nous venons d'exposer ; en sorte qu'il n'y aurait ici d'autre chose à ajouter, que d'expliquer quelle est la nature des unités des facteurs et du produit, mais cela appartient à la géométrie. Nous remettrons donc à en parler, jusqu'à ce que nous soyons arrivés à la géométrie.

De la formation des nombres carrés, et de l'extraction de leurs racines.

129. On appelle *carré* d'un nombre, le produit qui résulte de la multiplication de ce nombre par lui-même ; ainsi 25 est le carré de 5, parce que 25 résulte de la multiplication de 5 par 5.

130. La *racine carrée* d'un nombre proposé, est le nombre qui, multiplié par lui-même, reproduirait ce même nombre proposé : ainsi 5 est la racine carrée de 25 ; 7 est la racine carrée de 49.

131. Un nombre que l'on carre est donc tout à la fois multiplicande et multiplicateur ; il est donc deux fois facteur (42) du produit ; c'est pour cela qu'on appelle aussi ce produit ou carré, la *seconde puissance* de ce nombre.

Il ne faut d'autre art pour carrer un nombre que de le multiplier par lui-même selon les règles ordinaires de la multiplication : mais pour extraire la racine carrée d'un nombre, c'est-à-dire, pour revenir du carré à la racine, il faut une méthode, du moins lorsque le nombre ou carré proposé a plus de deux chiffres.

Lorsque le nombre proposé n'a qu'un ou deux chiffres, la racine en nombres entiers, est quelqu'un des nombres..............

$$1, 2, 3, 4, 5, 6, 7, 8, 9,$$

dont les carrés sont,

$$1, 4, 9, 16, 25, 36, 49, 64, 81;$$

Ainsi la racine carrée de 72, par exemple, est 8 en nombre entier, parce que 72, étant entre 64 et 81, sa racine est entre les
racines de ceux-ci, c'est-à-dire entre 8 et 9, elle est de 8 et une
fraction ; fraction qu'à la vérité on ne peut pas assigner exactement, mais dont on peut approcher continuellement ainsi que
nous le verrons dans peu.

132. La racine carrée d'un nombre qui n'est point un carré
parfait, s'appelle un nombre *sourd* ou *irrationnel*, ou *incommensurable*.

133. Venons aux nombres qui ont plus de deux chiffres.

C'est en observant ce qui se passe dans la formation du carré,
que nous trouverons la méthode qu'on doit suivre pour revenir
à la racine.

Pour carrer un nombre tel que 54, par exemple :

$$
\begin{array}{r}
54 \\
54 \\
\hline
216 \\
270 \\
\hline
2916
\end{array}
$$

Après avoir écrit le multiplicande et le multiplicateur comme
on le voit ici, nous multiplions, comme à l'ordinaire, le 4 supérieur par le 4 inférieur, ce qui fait évidemment le *carré des unités*.

Nous multiplions ensuite le 5 supérieur par le 4 inférieur, ce
qui fait le *produit des dixaines par les unités*.

Nous passons après cela au second chiffre du multiplicateur, et
nous multiplions le 4 supérieur par le 5 inférieur, ce qui fait le
produit des unités par les dixaines, ou (44) *le produit des dixaines
par les unités*.

Enfin nous multiplions le 5 supérieur par le 6 inférieur, ce qui
fait le carré des dixaines.

Nous ajoutons ce produit, et nous avons pour le carré le nombre
2916, que nous voyons donc être composé *du carré des dixaines
plus deux fois le produit des dixaines par les unités, plus le carré des
unités* du nombre 54.

134. Ce que nous venons d'observer étant une conséquence im-
médiate des règles de la multiplication, ce n'est pas plus particulier
au nombre 54 qu'à tout autre nombre composé de dixaines et d'u-
nités, en sorte qu'on peut dire généralement que le carré de tout
nombre composé de dixaines et d'unités, renfermera les trois parties que nous venons d'énoncer, savoir le carré des dixaines de ce
nombre, deux fois le produit des dixaines par les unités, et le carré
des unités.

135. Cela posé, comme le carré des dixaines et des centaines (puisque 10 fois 10 font 100), il est visible que ce carré des dixaines ne peut faire partie des deux derniers chiffres du carré total.

Pareillement le produit du double des dixaines multipliées par les unités, étant nécessairement les dixaines, ne peut faire partie du dernier chiffre du carré total.

136. Donc pour revenir du carré 2916 à sa racine, on peut raisonner ainsi :

EXEMPLE I.

$$
\begin{array}{r|l}
2916 & 54 \text{ racine.} \\
416 & \\
\hline
104 & \\
\hline
000 &
\end{array}
$$

Commençons par trouver les dixaines de cette racine : or, la formation du carré nous apprend qu'il y a dans 2916 le carré de ces dixaines, et que ce carré ne peut faire partie de ces deux derniers chiffres, il est donc dans 29, et comme la racine carrée de 29 ne peut être plus de 5, concluons-en que le nombre des dixaines de la racine est 5, et portons-le à côté de 2916, comme on le voit ci-dessus.

Je carre 5, et je retranche le produit 25 de 29; il me reste 4 à côté duquel j'abaisse les deux autres chiffres 16 du nombre proposé 2916.

Pour trouver maintenant les unités de la racine, je fais attention à ce que renferme le reste 416; il ne contient plus que deux parties du carré; savoir : le double des dixaines de la racine, multipliées par les unités, et le carré des unités de cette même racine.

De ces deux parties la première suffit pour nous faire trouver les unités que nous cherchons; car puisqu'elle est formée du double des dixaines multipliées par les unités, si on la divise par le double des dixaines que nous connaissons, elle doit (74) donner pour quotient les unités : il ne s'agit donc plus que de savoir dans quelle partie de 416 est renfermé ce double des dixaines multipliées par les unités : or, nous avons remarqué ci-dessus qu'il ne pouvait faire partie du dernier chiffre; il est donc dans 41; il faut donc diviser 41 par le double 10 des dixaines trouvées; j'écris donc sous 41 le double 10 des dixaines, et faisant la division, le quotient 4 que je trouve est le nombre des unités que je porte à la droite des 5 dixaines trouvées, en sorte que la racine cherchée est 54.

Mais il faut observer que quoique le quotient 4 que nous venons de trouver, soit en effet celui qui convient; cependant il peut arriver quelquefois que le quotient trouvé de cette manière, soit plus fort qu'il ne convient, parce que 41, c'est-à-dire, la partie qui reste après la séparation du dernier chiffre, renferme non-seulement le double des dixaines multiplié par les unités, mais encore les dixaines provenant du carré des unités; c'est pourquoi, pour n'avoir aucun doute sur le chiffre des unités, il faut employer la vérification suivante.

Après avoir trouvé le chiffre 4 des unités, et l'avoir écrit à la racine, je le porte à côté du double 10 des dixaines, ce qui fait 104, dont je multiplie successivement tous les chiffres par le même nombre 4, et je retranche les produits successifs des parties correspondantes de 416; comme il ne reste rien j'en conclus que la racine est en effet 54.

S'il restait quelque chose, la racine n'en serait pas moins la vraie racine en nombre entiers, à moins que ce reste ne fût plus grand que le double de la racine, augmenté de l'unité, mais c'est ce qu'on n'a point à craindre quand on prend le quotient toujours au plus fort.

La vérification que nous venons d'enseigner, est fondée sur la formation même du carré; car quand on multiplie 104 par 4, il est évident qu'on forme le carré des unités et le double des dixaines multiplié par les unités, c'est-à-dire ce qui complète le carré parfait.

137. De ce que nous venons de dire, il faut conclure que pour extraire la racine carrée d'un nombre qui n'a pas plus de quatre chiffres, ni moins de trois, il faut, après avoir séparé deux sur la droite, chercher la racine carrée de la tranche qui reste à gauche, cette racine sera le nombre des dixaines de la racine totale cherché, et l'on écrira à côté du nombre proposé, en l'en séparant par un trait.

On soustraira de cette même tranche le carré de la racine qu'on vient de trouver, et après avoir écrit le reste au-dessous de cette tranche, on abaissera à côté de ce reste ces deux chiffres qu'on avait séparés.

On séparera par un point le chiffre des unités de la tranche qu'on vient d'abaisser, et on divisera ce qui se trouvera sur la gauche, par le double des dixaines qu'on écrira au-dessous.

On écrira le quotient à côté du premier chiffre de la racine, et on le portera ensuite à côté du double des dixaines qui a servi de diviseur.

Enfin on multipliera par ce même quotient tous les chiffres qui se trouveront sur cette dernière ligne, et on retranchera leurs produits, à mesure qu'on les trouvera, des chiffres qui leur correspondant dans la ligne au-dessous.

Achevons d'éclaircir ceci par un exemple.

EXEMPLE II.

On demande la racine carrée de 7569.

$$7\ 5.6\ 9\ |\ 87\ \text{racine.}$$
$$1\ 1\ 6.9$$
$$1\ 6\ 7$$
$$\overline{0\ 0\ 0}$$

Je sépare les deux chiffres 69 , et je cherche la racine carrée de 75 , elle est 8 ; j'écris 8 à côté, je carre 8, et je retranche de 75 le carré de 64 , il me reste 11 que j'écris au-dessous de 75 , et j'abaisse à côté de ce même 11, les chiffres 69 que j'avais séparés.

Je sépare, dans 1169 , le dernier chiffre 9 , pour avoir dans 116 la partie que je dois diviser pour trouver les unités.

Je forme mon diviseur, en doublant les 8 dixaines que j'ai trouvées, et j'écris ce diviseur au-dessous de 115, la division me donne pour quotient 7 que j'écris à la racine , à la droite du 8.

Je porte aussi ce quotient à côté du diviseur 16 ; je multiplie 167 qui forme la dernière ligne , par ce même quotient 7 , et je retranche les produits , à mesure que je les trouve de 1169 : il ne reste rien, ce qui prouve que 7569 est un carré parfait, et le carré de 87:

138. Il faut bien remarquer qu'on ne doit diviser par le double des dixaines, que la seule partie qui reste à gauche, après qu'on a séparé le dernier chiffre , en sorte que si elle ne contenait pas le double des dixaines, il ne faudrait pas pour cela employer le chiffre séparé ; on mettrait o à la racine. Si au contraire on trouvait que le double des dixaines y est plus de 9 fois, on ne mettrait cependant pas plus de 9 ; la raison en est la même que pour la division (66).

139. Après avoir bien compris ce que nous venons de dire sur la racine carrée des nombres qui n'ont pas plus de 4 chiffres , on saisira facilement ce qu'il convient de faire , lorsque le nombre des chiffres est plus grand. De quelque nombre de chiffres que la racine doive être composée, on peut toujours la concevoir composée de deux parties , dont l'une soit des dixaines et l'autre des unités ; par exemple 874 , peut être considéré comme représentant 87 dixaines et 4 unités.

Cela posé , quand on a trouvé les deux premiers chiffres de la racine, par la méthode qu'on vient d'exposer , on peut aussi trouver le troisième par la même méthode , en considérant ces deux premiers chiffres comme ne faisant qu'un seul nombre de dixaines, et leur appliquant , pour trouver le troisième , tout ce qui a été dit du premier pour trouver le second.

Pareillement, quand on aura trouvé les trois premiers chiffres , s'il doit y en avoir un quatrième, on considérera les trois premiers comme ne faisant qu'un seul nombre de dixaines, auquel on appliquera, pour trouver le quatrième, le même raisonnement qu'on appliquait aux deux premiers pour trouver le troisième, et ainsi de suite.

Mais pour procéder avec ordre, il faut commencer par partager les nombres proposés en tranches, de deux chiffres chacune, en allant de droite à gauche; la dernière pourra n'en contenir qu'un.

La raison de cette préparation est fondée sur ce que considérant la racine comme composée de dixaines et d'unités, il faut, suivant ce qui a été dit ci-dessus (135 *et suiv.*), commencer par séparer les deux derniers chiffres sur la droite, pour avoir dans la partie qui reste à gauche, le carré des dixaines, mais comme cette partie est elle-même composée de plus de deux chiffres, un raisonnement semblable conduit à en séparer encore deux sur la droite, et ainsi de suite.

Donnons un exemple de cette opération.

EXEMPLE III.

On demande la racine carrée de 76807696.

$$
\begin{array}{r}
7\ 6.8\ 0.7\ 6.9\ 6\ |\ 8\ 7\ 6\ 4 \\
1\ 2\ 8.0 \\
1\ 6\ 7 \\
\hline
1\ 1\ 1\ 7.6 \\
1\ 7\ 4\ 6 \\
\hline
7\ 0\ 0\ 9.6 \\
1\ 7\ 5\ 2\ 4 \\
\hline
0\ 0\ 0\ 0\ 0
\end{array}
$$

Après avoir partagé le nombre proposé en tranches de deux chiffres chacune, en allant de droite à gauche, je cherche quelle est la racine carrée de la tranche 76 qui est le plus à gauche : je trouve qu'elle est 8, et j'écris 8 à côté du nombre proposé : je carre 8 et je retranche le carré 64 de 76 : j'ai pour reste 12 que j'écris au-dessous de 76 ; à côté de ce reste j'abaisse la tranche 80 dont je sépare le dernier chiffre par un point ; et au-dessous de la partie 128, j'écris 16, double de la racine trouvée ; puis disant, en 128 combien de fois 16 ? je trouve qu'il y est 7 fois, j'écris 7 à la suite de la racine 8, et à côté du double 16 ? je multiplie 167 par ce même nombre 7, et je retranche de 1280 le produit de cette multiplication ; il me reste 111 à côté duquel j'abaisse la tranche 76, ce qui forme 11176 : je sépare le dernier chiffre 6 de ce nombre, et sous la partie 1117 qui reste à gauche, j'écris 174, double de la racine 87, je divise 1117 par 174, et ayant trouvé 6 pour quotient, j'écris 6 à la racine et à côté du double 174 : je multiplie 1746 par ce même nombre 6, et je retranche 10476 de 11176, il reste 700 ; à côté de ce reste j'abaisse 96 dont je sépare le dernier chiffre, au-dessous de 7009, qui reste à gauche, j'écris 1752 double de la racine trouvée 876, et divisant 7009 par 1752, je trouve pour quotient 4 que j'écris à la racine et à côté du double 1752. Je multiplie 17524 par ce même nombre 4, et je retranche de 70096, il ne reste rien : ainsi la racine carrée de 79807696 est exactement 8764.

140. Lorsque le nombre proposé n'est point un carré parfait, il y a un reste à la fin de l'opération, et la racine carrée qu'on a trouvée est la racine carrée du plus grand carré contenu dans le nombre proposé : alors il n'est pas possible d'extraire la racine carrée exactement ; mais on ne peut en approcher si près qu'on le juge à propos, c'est-à-dire, de manière que l'erreur qui en résulterait dans le carré, soit au-dessous de telle quantité qu'on voudra.

Cette approximation se fait commodément par le moyen des décimales. Il faut concevoir à la suite du nombre proposé, deux fois autant de zéro qu'on voudra avoir de décimales à la racine ; faire l'opération comme à l'ordinaire, et séparer ensuite par une virgule, sur la droite de la racine, moitié autant de décimales qu'on a mis de zéros à la suite du nombre proposé. En effet (54), le produit de la multiplication devant avoir autant de décimales qu'il y en a dans les deux facteurs ensemble, le carré (dont les deux facteurs sont égaux) doit donc en avoir le double de ce qu'a l'un des facteurs ; c'est-à-dire, le double de ce que doit avoir la racine.

EXEMPLE IV.

On demande la racine carrée de 87567 à moins d'un millième près. Pour faire des millièmes, il faut trois décimales ; il faut donc mettre six zéros au carré de 87567 ; ainsi il faut tirer la racine carrée ce 87567000000.

```
8. 7. 5. 6 7. 0 0. 0 0. 0 0 | 2 9 5 9 1 7
4 7. 5
4 9
———————
3 4 6. 7
5 8 5
———————
5 4 2 0. 0
5 9 0 9
———————
1 0 1 9 0 0. 0
5 9 1 8 1
———————
4 2 7 1 9 0 0. 0
5 9 1 8 2 7
———————
1 2 9 1 1 1
```

En faisant l'opération comme dans les exemples précédens, on trouve pour racine carrée, à moins d'une unité près, le nombre 295917 : cette racine est celle de $87\,5667000000$; mais comme il s'agit de celle de 87567 ou de $87567\,000000$, je sépare moitié autant de décimales dans la racine, que j'ai mis de zéros au carré ; ce qui me donne 295,917 pour la racine carrée de 87567, à moins d'un millième près.

Pareillement, si l'on demande la racine carrée de 2, à moins d'un dix-millième près, on tirera la racine carrée de 200000000 qu'on trouvera être 14152 ; séparant les quatre chiffres de la droite par une virgule, on aura 1,4142 pour la racine carrée de 2, approchée à moins d'un dix-millième près.

141. On a vu (106) que pour multiplier une fraction par une fraction, il fallait multiplier numérateur par numérateur, et dénominateur par dénominateur ; par conséquent, pour carrer une fraction, il faut carrer le numérateur par le dénominateur, ainsi le carré de $\frac{2}{3}$ est $\frac{4}{9}$, celui de $\frac{4}{5}$ est $\frac{16}{25}$.

142. Donc réciproquement, pour tirer la racine carrée d'une fraction, il faut tirer la racine carrée du numérateur et celle du dénominateur ; ainsi la racine carrée de $\frac{9}{16}$ est $\frac{3}{4}$, parce que celle de 9 est 3, et celle de 16 est 4.

143. Mais il peut arriver que le numérateur ou le dénominateur, ou tous les deux, ne soient point des carrés parfaits ; s'il n'y a que le numérateur qui ne soit point un carré, on en tirera la racine approchée par la méthode qu'on vient d'exposer, et ayant tiré la racine du dénominateur, on la donnera pour dénominateur à la racine du numérateur. Ainsi si l'on demande la racine de $\frac{2}{9}$, on tirera la racine approchée du numérateur 2 qu'on trouvera 1, 4, ou 1,41 ou 1,414 ou 14142, etc., selon qu'on voudra en approcher plus ou moins ; et comme la racine carrée de 9 est 3, on aura pour racine approchée de $\frac{2}{9}$ la quantité $\frac{1,5}{5}$ ou $\frac{1,41}{5}$ ou $\frac{1,414}{5}$ ou $\frac{1,4142}{5}$ etc.

Mais si le dénominateur n'est pas un carré, on multipliera les deux termes de la fraction par ce même dénominateur, ce qui ne changera rien à la valeur de la fraction, et rendra ce dénominateur carré ; alors on opérera comme dans le cas précédent. Par exemple, si l'on demande la racine carrée de $\frac{3}{5}$, on changera cette fraction en $\frac{15}{25}$; tirant la racine carrée de 15 jusqu'à 3 décimales, par exemple, on aura 3.872 ; et comme la racine carrée de 25 est 5, la racine carrée de $\frac{15}{25}$ sera $\frac{3,872}{5}$.

144. Pour ne pas avoir plusieurs sortes de fractions à la fois, on réduira le résultat $\frac{3,872}{5}$ uniquement en décimales, en divisant 3,872 par 5, ce qui donnera 0,774 pour la racine de $\frac{3}{5}$, exprimée purement en décimales (99).

145. Enfin si l'on avait des entiers joints à des fractions, on réduirait ces entiers en fractions (86), on opérerait comme il vient d'être dit pour une fraction. Ainsi pour tirer la racine carrée de $8\frac{5}{7}$, on changerait $8\frac{5}{7}$, en $\frac{59}{7}$, et celle-ci (143) en $\frac{413}{49}$, dont on trouverait que la racine approchée est $\frac{20252}{7}$, ou $2{,}903$.

146. On peut aussi réduire en décimales la fraction qui accompagne l'entier, mais il faut observer d'y employer un nombre de décimales pair et double de celui qu'on veut avoir à la racine ; parce que le produit de la multiplication de deux nombres qui ont des décimales, devant avoir autant de décimales qu'il y en a dans les deux facteurs (54), le carré d'un nombre qui a des décimales, doit en avoir deux fois autant que ce nombre. En appliquant cette méthode $8\frac{5}{7}$, on le transforme en $8{,}428571$ (99) dont la racine est $2{,}903$, comme ci-dessus.

147. Si l'on avait à tirer la racine carrée d'une quantité décimale, il faudrait avoir soin de rendre le nombre des décimales pair, s'il ne l'est pas, ce qui se fera en mettant à la suite de ces décimales, 1, ou 3, ou 5, etc. zéro : cela n'en change pas la valeur (30). Ainsi, pour tirer la racine carrée de $21{,}935$ à moins d'une millième près, je tire la racine carrée de $21{,}935000$ qui est $4{,}683$; c'est aussi celle de $21{,}935$. On trouvera de même, que celle de $0{,}542$ est à moins d'un millième près $0{,}736$, et que celle de $0{,}0054$ est à moins d'un millième près $0{,}073$.

148. Quand on a trouvé, par la méthode qui vient d'être exposée, les trois premiers chiffres de la racine, on peut en avoir plusieurs autres avec plus de facilité et de promptitude, par la division seule, en cette manière.

Prenons pour exemple 763703556823 : je commence par chercher les trois premiers chiffres de la racine, par la méthode ci-dessus : je trouve 873 pour cette racine, et 1574 pour reste, je mets à côté de ce reste les deux chiffres 55 qui suivent la partie 763703 qui a donné les 3 premiers chiffres. Je mettrais les trois chiffres suivants, si j'avais quatre chiffres de la racine ; quatre si j'en avais cinq, et ainsi de suite. Je divise 157455 que j'ai alors, par 1746 le double de la racine ; je trouve pour quotient 90 ; ce sont deux nouveaux chiffres à mettre à la suite de la racine, qui par-là devient 87390. Je carre cette racine, et je retranche son carré 7637012100 de la partie 7637035568 dont 87390 est la racine ; il me reste 23468.

Si je veux avoir de nouveaux chiffres à la racine, comme j'en ai déjà cinq je puis, par la seule division, en trouver quatre ; je mettrai, pour cet effet, à la suite du reste 23468 les deux chiffres restans 23 du nombre proposé et deux zéros, et divisant 234682300 par le double 174780 de la racine trouvée, j'aurai 1342 pour les quatre nouveaux chiffres que je dois joindre à la racine ; mais en partageant le nombre proposé, en tranches, de la manière qui a été dite ci-dessus, on voit que sa racine ne doit avoir que six chiffres pour les nombres entiers ; donc cette racine est $873901{,}342$, à moins d'un millième près.

On peut, le plus souvent, pousser chaque division jusqu'à un chiffre de plus, c'est-à-dire, jusqu'à autant de chiffres qu'on en a déjà à la racine ; mais il y a quelque cas, rare à la vérité, où l'erreur sur le dernier chiffre pourrait aller jusqu'à cinq unités ; au lieu qu'en se bornant à un chiffre de moins, comme nous venons de le faire, on a jamais à craindre même une unité d'erreur sur le dernier chiffre.

Si après avoir trouvé les premiers chiffres de la racine, par la méthode ordinaire, ce qui reste après l'opération faite, se trouvait égal au double de ces premiers chiffres, il faudrait, pour éviter tout embarras, en déterminer encore un par la même méthode ordinaire; après quoi, on trouverait les autres par la méthode abrégée que nous venons d'exposer, qui, comme on le voit assez, s'applique également aux décimales.

Si la racine devait avoir des zéros parmi ses chiffres intermédiaires, dans le cas ou ces zéros seraient du nombre des chiffres qu'on détermine par la division, il peut arriver, s'ils doivent être les premiers chiffres du quotient, qu'on ne s'en aperçoive pas, parce que dans la division on ne marque pas les zéros qui doivent précéder sur la gauche du quotient, le moyen de le distinguer, est de faire attention qu'on doit avoir toujours autant de chiffres au quotient qu'on en a mis à la suite du reste; et par conséquent, quand il y en aura moins, il en faudra compléter le nombre par des zéros placés sur la gauche de ce quotient.

Au reste, l'abrégé que nous venons d'exposer, est une suite de ce principe général, qu'il est aisé de déduire de ce qu'on a vu (134), savoir, que le carré d'une quantité quelconque composée de deux parties, renferme le carré de la première partie, deux fois la première partie multipliée par la seconde, et le carré de la seconde.

De la formation des nombres cubes, et de l'extraction de leurs racines.

149. Pour former ce qu'on appelle *le cube* d'un nombre, il faut d'abord multiplier ce nombre par lui-même, et multiplier ensuite par ce même nombre le produit résultant de cette première multiplication.

Ainsi le cube d'un nombre est, à proprement parler, le produit du carré d'un nombre multiplié par ce même nombre, 27 est le cube de trois, parce qu'il résulte de la multiplication de 9 (carré de 3) par le même nombre 3.

Le nombre que l'on cube est donc trois fois facteur dans le cube; c'est pour cette raison que le cube est ainsi nommé *troisième puissance* ou *troisième degré de ce nombre*.

150. En général, on dit qu'un nombre est élevé à sa seconde, troisième, quatrième, cinquième, etc. puissance, quand on l'a multiplié par lui-même, 1, 2, 3, 4, etc., fois consécutives, ou lorsqu'il est 2 fois, 3 fois, 4 fois, 5 fois, etc. facteur dans le produit.

151. La racine cubique d'un cube proposé est le nombre qui, multiplié par son carré, produit ce cube : ainsi 3 est la racine cubique de 27.

152. On n'a donc pas besoin de règles pour former le cube d'un nombre; mais pour revenir du cube à sa racine, il faut une méthode. Nous déduirons cette méthode de l'examen de ce qui se passe dans la formation du cube.

Observons cependant qu'on n'a besoin de méthode pour extraire la racine cubique en nombres entiers; que lorsque le nombre proposé a moins de quatre chiffres, car 1000, étant cube de 10, tout nombre au-dessous de 1000, et par conséquent de moins de quatre chiffres, aura pour racine moins que 10, c'est-à-dire, moins de deux chiffres.

Ainsi tout nombre qui tombera entre deux de ceux-ci :

$$1, 8, 27, 64; 125, 216, 343, 512, 729,$$

aura sa racine cubique, en nombre entier, entre les deux nombres correspondans de cette suite :

$$1\ 2\ 3\ 4\ 5\ 6\ 7\ 8\ 9,$$

dont la première contient les cubes.

153. Tout nombre n'a pas de racine cubique, mais on peut approcher continuellement d'un nombre qui, étant cubé, approche ainsi de plus en plus de reproduire ce premier nombre ; c'est ce que nous verrons après avoir appris à trouver la racine d'un cube parfait.

154. Voyons donc de quelles parties peut être composé le cube d'un nombre qui contiendra des dixaines et des unités.

Puisque le cube résulte du carré d'un nombre multiplié par ce même nombre, il est essentiel de se rappeler ici (134) que *le carré d'un nombre composé de dixaines et d'unités, renferme, 1° le carré des dixaines ; 2° deux fois le produit des dixaines par les unités ; 3° le carré des unités.*

Pour former le cube, il faut donc multiplier ces trois parties par les dixaines, et par les unités du même nombre.

Afin d'apercevoir plus distinctement les produits qui en résulteront, donnons à cette opération simulée la forme suivante.

1°

Le carré des dixaines		Le cube des dixaines.
Deux fois le produit des dixaines par les unités	étant multiplié par les dixaines, donnera	Deux fois le produit du carré des dixaines multiplié par les unités.
Le carré des unités		Le produit des dixaines par le carré des unités.

2°

Le carré des dixaines		Le produit du carré des dixaines multiplié par les unités.
Deux fois le produit des dixaines par les unités	étant multiplié par les unités, donnera	Deux fois le produit des dixaines par le carré des unités.
Le carré des unités		Le cube des unités.

Donc en rassemblant ces six résultats, et réunissant ceux qui sont semblables, on voit que le cube d'un nombre composé de dixaines et d'unités, contient quatre parties; savoir : *le cube des dixaines, trois fois le carré des dixaines multiplié par les unités, trois fois les dixaine multipliés par le carré des unités, et enfin le cube des unités.*

Formons d'après cela le cube d'un nombre composé de dixaines et d'unités, de 43, par exemple.

$$
\begin{array}{r}
64000 \\
14400 \\
1087 \\
27 \\
\hline
79507
\end{array}
$$

Nous prendrons donc le cube de 4 qui est de 64; mais comme ce 4 est des dixaines, son cube sera de mille, parce que le cube de 10 est 1000, ainsi le cube de quatre dixaines sera 64000.

3 fois 16, ou trois fois le carré des 4 dixaines, étant multiplié par les trois unités, donnera 144 centaines, parce que le carré de 10 est 100; ainsi ce produit sera 14400.

3 fois 4, ou trois fois les dixaines, étant multipliés par le carré 9 des unités, donneront des dixaines, et ce produit sera 1080.

Enfin, le cube des unités se terminera à la place des unités, et sera 27.

En réunissant ces quatre parties, on aura 79507 pour le cube de 43, cube qu'on aurait sans doute trouvé plus facilement en multipliant 43 par 43, et le produit du 1849 encore par 43; mais il ne s'agit pas tant ici de trouver la valeur du cube, que de reconnaître, par l'examen des parties qui le composent, la manière de revenir à sa racine.

155. Cela posé, voici le procédé de l'extraction de la racine cubique.

EXEMPLE I.

Soit donc proposé d'extraire la racine cubique de 79507.

Cube.	Racine.
7 9 5 0 7	4 3
1 5 5 . 9 7	
4 8	

Pour avoir la partie de ce nombre qui renferme le cube des dixaines de la racine, j'en sépare les trois derniers chiffres, dans lesquels nous venons de voir que ce cube ne peut être compris, puisqu'il vaut des mille.

Je cherche la racine cubique de 79; elle est de 4, que j'écris à côte.

Je cube 4, et j'ôte le produit 54 de 79; il me reste 15, que j'écris au-dessous de 79.

A côté du 15 j'abaisse 507, ce qui me donne 15507, dans lequel il doit y avoir 3 fois le carré des 4 dixaines trouvés multipliées par les unités que nous cherchons, plus 5 fois ces mêmes dixaines multipliées par le carré des unités, plus enfin le cube des unités.

Je sépare les deux derniers chiffres 07; la partie 155 qui reste à gauche renferme trois fois le carré des dixaines multiplié par les unités; c'est pourquoi, afin d'avoir les unités (74), je vais diviser cette partie 155 par le triple du carré des quatre dixaines, c'est-à-dire, par 48.

Je trouve que 48 est 3 fois dans 155; j'écris donc 3 à la racine.

Pour éprouver cette racine, et connaître le reste, s'il y en a, nous pourrions composer les trois parties du cube qui doivent se trouver dans 15507, et voir si elles forment 15507, ou de combien elles en diffèrent; mais il est aussi commode de faire cette vérification, en cubant tout de suite 43; c'est-à-dire, en multipliant 43 par 43, ce qui produit 1849, en multipliant ce produit par 43, ce qui donne enfin 79507. Ainsi 43 est exactement la racine cubique.

Si le nombre proposé a plus de six chiffres, on raisonnera comme dans l'exemple ci-après.

EXEMPLE II.

Soit proposé d'extraire la racine cubique de 596947688.

```
596.947.688 | 842
849.47
  192
5927 04
─────────────
  42436.88
  21168
5969476 88
─────────────
0000000 00
```

On considèrera sa racine comme composée de dixaines et d'unités, et par cette raison on commencera par séparer les trois derniers chiffres.

La partie 596947 qui renferme le cube des dixaines, ayant plus de trois chiffres, sa racine en aura plus d'un, et par conséquent, elle aura des dixaines et des unités. Il faut donc, pour trouver le cube de ces premières dixaines, séparer les trois chiffres 947.

Cela posé, je cherche la racine cubique de 596; elle est 8, j'écris ce 8 à côté.

Je cube 8, et je retranche le produit de 512 de 596, il reste 84, que j'écris au-dessous de 596.

A côté de 84, j'abaisse 947, ce qui me donne 84947, dont je sépare les deux derniers chiffres.

Au-dessous de la partie 849, j'écris 192, qui est le triple carré de la racine 8, et je divise 849 par 192, je trouve pour quotient 4, que j'écris à la racine.

Pour vérifier cette racine, et avoir en même temps le reste, je cube 84, et je retranche le produit 592704, du nombre 596947; j'ai pour reste 4243.

A côté de ce reste j'abaisse la tranche 688, et considérant la racine 84 comme un seul nombre qui marque les dixaines de la racine cherchée, je sépare les deux derniers chiffres 88 de la tranche abaissée, et je divise la partie 42436 par le triple carré de 84, c'est-à-dire, par 21168, je trouve pour quotient 2, que j'écris à la suite de 84.

Pour vérifier la racine 842, et avoir le reste s'il y en a, je cube 842, et je retranche le produit 596947688 du nombre proposé 596947688; et comme il ne reste rien, j'en conclus que 842 est la racine exacte de 596947688.

Il faut encore observer, 1°. que dans le cours de ces opérations, on ne doit jamais mettre plus de 9 à la racine.

2°. Si le chiffre qu'on porte à la racine était trop fort, on s'en apercevrait à ce que la soustraction ne pourrait se faire, et alors on diminuerait la racine successivement de 1, 2, 3, etc., unités, jusqu'à ce que la soustraction devînt possible.

Lorsque le nombre proposé n'est pas un cube parfait, la racine qu'on trouve n'est qu'une racine approchée, et il est rare qu'il soit suffisant de l'avoir en nombre entier. Les décimales sont encore d'un usage très-avantageux pour pousser cette approximation beaucoup plus loin, et aussi loin qu'on le désire, sans que cependant on puisse jamais atteindre à une racine exacte.

156. Pour approcher aussi près qu'on le voudra de la racine cubique du cube imparfait, il faut mettre à la suite de ce nombre trois fois autant de zéros qu'on veut avoir de décimales à la racine; faire l'extraction comme dans les exemples précédens, et après l'opération faite, séparer par une virgule sur la droite de la racine autant de chiffres qu'on voudra avoir de décimales.

EXEMPLE III.

On demande d'approcher de la racine cubique de 8755 jusqu'à moins d'un centième près. Pour avoir des centièmes à la racine, c'est-à-dire, deux décimales, il faut que le cube ou le nombre proposé en ait six (54); il faut donc mettre six zéros à la suite de 8755.

Ainsi la question se réduit à tirer la racine cubique de 8755.000.000.

```
8.755.000.000 | 261
  07.55
  12
  8000
    7550.00
    1200
    8741816
      131840.00
      127308
      8754552981
        447019
```

Suivant ce qui a été dit ci-dessus, je partage ce nombre en tranches de trois chiffres chacune, en allant de droite à gauche.

Je tire la racine cubique de la dernière tranche 8 ; elle est 2, que j'écris à la racine. Je cube 2, et je retranche le produit de 8 ; j'ai pour reste 0, à côté duquel j'abaisse la tranche 755, dont je sépare les deux derniers chiffres 55 : au-dessous de la partie restante 7, j'écris 12; triple carré de la racine, et divisant 7 par 12, je trouve 0 pour quotient, que j'écris à la racine.

Je cube la racine 20, ce qui me donne 8000, que je retranche de 8755; j'ai pour reste 755, à côté duquel j'abaisse la tranche 000 dont je sépare deux chiffres sur la droite, au-dessous de la partie restante 7550 j'écris 1200, triple carré de la racine 20; et divisant 7550 par 1200, je trouve pour quotient 6, que j'écris à la racine.

Je cube la racine 206, et je retranche le produit de 8755000 ; j'ai pour reste 13184, à côté duquel j'abaisse la dernière tranche 000, dont je sépare les deux derniers chiffres. Au-dessous de la partie restante 131840, j'écris 127308 triple carré de la racine trouvée 206. Je divise 131840 par 127308; je trouve pour quotient 1, que j'écris à la suite de 206. Je cube 2061, et ayant retranché de 8755000000, le produit 8754552981, j'ai pour reste 447019.

La racine cubique approchée de 8755000000 est donc 2061 ; donc celle de 8755,000000 est 20,61, puisque le cube a trois fois autant de décimales que sa racine (54).

Si l'on voulait pousser l'approximation plus loin, on mettrait à la suite du reste trois zéros, et on continuerait comme on a fait à chaque fois qu'on a descendu une tranche.

157. Puisque, pour multiplier une fraction par une fraction, il faut multiplier numérateur par numérateur, et dénominateur, par dénominateur, il faudra donc, pour cuber une fraction, cuber son numérateur et son dénominateur. Donc réciproquement, pour extraire la racine cubique d'une fraction, il faudra extraire la racine cubique du numérateur et la racine cubique du dénominateur.

Ainsi la racine cubique de $\frac{27}{64}$ est $\frac{3}{4}$, parce que la racine cubique de 27 est 3, et celle de 64 est 4.

158. Mais si le dénominateur seul est un cube, on tirera la racine approchée du numérateur, et on donnera à cette racine pour dénominateur la racine cubique du dénominateur. Par exemple, si l'on demande la racine cubique de $\frac{145}{343}$: comme le numérateur n'est pas un cube, j'en tire la racine approchée, qui sera 5,22, à moins d'un centième près; et tirant la racine de 343, qui est 7, j'ai $\frac{5,22}{7}$ pour la racine approchée de $\frac{145}{343}$; ou bien, en réduisant en décimales (90), j'ai 0,74 pour cette racine approchée à moins d'un centième près.

159. Si le dénominateur n'est pas un cube, on multipliera les deux termes de la fraction par le carré de ce dénominateur, et alors le nouveau dénominateur étant un cube, on se conduira comme il vient d'être dit. Par exemple, si l'on demande la racine cubique de $\frac{5}{7}$, je multiplie le numérateur et le dénominateur par 49, carré du dénominateur 7; j'ai $\frac{147}{343}$, qui (88) est de même valeur que $\frac{5}{7}$. La racine cubique de $\frac{147}{343}$ est $\frac{5,27}{7}$, ou en réduisant purement en décimales 0,75. La racine cubique de $\frac{5}{7}$ est donc 0,75 à moins d'un centième près.

S'il y avait des entiers joints aux fractions, on convertirait le tout en fraction, et la question serait réduite à tirer la racine cubique d'une fraction (157 et suiv.)

On pourrait aussi, soit qu'il y ait des entiers, soit qu'il n'y en ait point, réduire la fraction en décimales, mais il faut avoir soin de pousser cette réduction jusqu'à trois fois autant de décimales qu'on veut en avoir à la racine. Ainsi, si l'on demandait la racine cubique de $7\frac{3}{11}$, approchée jusqu'à moins d'une millième, on changerait la fraction $\frac{3}{11}$ en 0,272727272, en sorte que pour avoir la racine cubique de $7\frac{5}{11}$, on tirerait celle de 7,272727272 qu'on trouvera être 1,987.

160. Pour tirer la racine cubique d'un nombre qui aura des décimales, il faudra la séparer par un nombre suffisant de zéros mis à sa suite de manière que le nombre de ces décimales soit, ou 3, ou 6, ou 9, etc.; alors on tirera la racine comme s'il n'y avait pas de virgule; et après l'opération faite on séparera sur la droite de la racine, par une virgule, un nombre de chiffres qui soit le tiers du nombre des décimales de la quantité proposée; en sorte que, si la racine n'avait pas suffisamment de chiffres pour que cette règle eût son exécution, on y suppléerait par des zéros placés sur la gauche de cette racine. Ainsi, pour tirer la racine cubique de 6,54 à moins d'un millième près, je mettrai sept zéros, et je tirerai la racine cubique de 6540000000 qui sera 1870; j'en séparerai trois chiffres, puisqu'il y a 9 décimales au cube, et j'aurai 1,870, ou simplement 1,87 pour la racine cubique de 6,54. On trouvera de même que celle de 0,0006, approchée à moins d'un centième près, est 0,08.

161. Quand on a trouvé les quatre premiers chiffres de la racine cubique

par la méthode qu'on vient d'expliquer, on peut trouver les autres plus promptement par la division, et cela de la manière suivante.

Qu'on demande la racine cubique de 5264627832723456; j'en cherche les quatre premiers chiffres par la méthode ordinaire; ils sont 1739, et le reste de l'opération est 5681413; à côté de ce reste, je mets les deux chiffres 72 qui suivent la partie 5264627832 qui a donné les quatres premiers chiffres. Je mettrai les trois chiffres qui suivent cette même partie, si la racine trouvée avait cinq chiffres, et les quatre si elle en avait six. Je divise 568141372 par 9072363, triple carré de la racine 1739; j'ai pour quotient 62, et se sont deux nouveaux chiffres à mettre à la suite de 1739, en sorte que 173962 est, en nombres entiers, la racine cubique du nombre proposé.

Si l'on voulait pousser plus loin on cuberait cette racine, et ayant retranché le produit du nombre proposé, on mettrait à la suite du reste quatre zéros, et on diviserait le tout par le triple du carré de 173962, ce qui donnerait quatre décimales pour la racine.

On fera ici la même observation qu'on a faite (148) sur le cas où la division ne donne pas autant de chiffres qu'elle doit en donner. Et dans ces divisions on s'aidera de la règle abrégée qui a été donnée (69 et suiv.)

Des raisons, proportions et progressions, et de quelques règles qui en dépendent.

162. Les mots *raison* et *rapport* ont la même signification en mathématiques, et l'un et l'autre expriment le résultat de la comparaison de deux quantités.

163. Si dans la comparaison des deux quantités on a pour but de connaître de combien l'une surpasse l'autre, ou en est surpassée, le résultat de cette comparaison, qui est la différence de ces deux quantités, se nomme leur *rapport arithmétique*.

Ainsi, si je compare 15 avec 8 pour connaître leur différence 7, ce nombre 7 qui est le résultat de la comparaison est le rapport arithmétique de 15 à 8.

Pour marquer que l'on compare deux quantités sous ce point de vue, on sépare l'une de l'autre par un point; en sorte que 15.8 marque que l'on considère le rapport arithmétique de 15 à 8.

164. Si dans la comparaison de deux quantités on se propose de connaître combien l'une contient l'autre, ou est contenue en elle, le résultat de cette comparaison se nomme leur *rapport géométrique*. Par exemple, si je compare 12 à 3 pour savoir combien de fois 12 contient 3, le nombre 4 qui exprime ce nombre de fois est le rapport géométrique de 12 à 3.

Pour marquer que l'on compare deux quantités sous ce point de vue, on sépare l'une de l'autre par deux points: cette expression 12:3 marque que l'on considère le rapport géométrique de 12 à 3.

165. Des deux quantités que l'on compare, celle qu'on énonce ou qu'on écrit la première, se nomme *antécédent*, et la seconde se nomme *conséquent*. Ainsi dans le rapport 12:3, 12 est l'antécédent, et 3 est le conséquent: l'un et l'autre s'appellent les *termes* du rapport.

166. Pour avoir le rapport arithmétique de deux quantités, il n'y a donc qu'à retrancher la plus petite de la plus grande.

167. Et pour avoir le rapport géométrique de deux quantités, il faut diviser l'une par l'autre.

168. Nous évaluerons ce rapport, dorénavant, en divisant l'antécédent par le conséquent : ainsi le rapport de 12 à 3 est 4, et le rapport de 3 à 12 est $\frac{3}{12}$ ou $\frac{1}{4}$.

169. Un rapport arithmétique ne change point quand on ajoûte à chacun de ses deux termes, ou qu'on en retranche une même quantité parce que la différence en quoi (consiste le rapport) reste toujours la même.

170. Un rapport géométrique ne change point quand on multiplie ou quand on divise ses deux termes par un même nombre ; car le rapport géométrique consistant (168) dans le quotient de la division de l'antécédent par le conséquent, est une quantité fractionnaire qui (88) ne peut changer par la multiplication ou la division de ses deux termes par un même nombre. Ainsi le rapport 3:12 est le même que celui 6:24 que l'on a en multipliant les deux termes du premier par 2 : il est le même que celui de 1:4 que l'on a en divisant par trois.

171. Cette propriété sert à simplifier les rapports. Par exemple, si j'avais à examiner le rapport de $6\frac{5}{4}$ à $10\frac{2}{5}$, je dirais, en réduisant tout en fraction, ce rapport est le même que celui de $\frac{27}{4}$ à $\frac{52}{5}$, ou en réduisant au même dénominateur, le même que celui de $\frac{81}{12}$ à $\frac{128}{12}$, ou enfin en supprimant le dénominateur 12, ce qui revient au même que de multiplier les deux termes du rapport par 12, ce rapport est le même que celui de 81 à 128.

172. Lorsque quatre quantités sont telles que le rapport des deux premières est le même que le rapport des deux dernières, on dit que ces quatre quantités forment une *proportion* : et cette proportion est arithmétique ou géométrique, selon que le rapport qu'on y considère est arithmétique ou géométrique.

Les quatre quantités 7, 9, 12, 14 forment une proportion arithmétique, parce que la différence des deux premières est la même que celle des deux dernières. Pour marquer qu'elles sont en proportion arithmétique, on les écrit ainsi, 7.9:12.14, c'est-à-dire, qu'on sépare par un point les deux termes de chaque rapport, et les deux rapports par deux points. Le point qui sépare les deux termes de chaque rapport, signifie *est à*, et les deux points qui séparent les deux rapports, signifient *comme* ; en sorte que, pour énoncer la proportion ainsi écrite, on dit : 7 *est à* 9 *comme* 12 *est à* 14.

Les quatre quantités 3, 15, 4, 20 forment une proportion géométrique, parce que 3 est contenu dans 15, comme 4 l'est dans 20. Pour marquer qu'elles sont en proportion géométrique, on les écrit ainsi ; 3:15::4:20, c'est-à-dire, qu'on sépare les deux termes de chaque rapport par deux points, et les deux rapports par quatre points. Les deux points signifient *est à*, et les quatre points signifient *comme* ; de sorte qu'on dit : 3 *est à* 15 *comme* 4 *est à* 20.

Il faut seulement observer que, dans les proportions arithmétiques, on fait précéder le mot *comme* du mot *arithmétiquement*.

173. Le premier et le dernier termes de la proportion se nomment les *extrêmes*; le 2ᵉ et le 3ᵉ se nomment les *moyens*.

Comme il y a deux rapports, et par conséquent deux antécédens et deux conséquens, on dit pour le premier rapport *premier antécédent, premier conséquent*, et pour le second : *second antécédent, second conséquent*.

174. Quand les deux termes moyens d'une proportion sont égaux, la proportion se nomme proportion *continue*. 3.7:7.11 forment une proportion arithmétique continue : on l'écrit ainsi ÷ 3.7.11.; les deux points et la barre qui précèdent sont pour avertir que dans l'énoncé on doit répéter le terme moyen qui est ici, 7.

La proportion 5:20::20:80 est une proportion géométrique continue, que par abréviation on écrit ainsi ÷ 5:20:80 ; l'usage des quatre points et de la barre est le même que dans la proportion arithmétique continue.

175. Il suit de ce que nous venons de dire sur les proportions arithmétiques et géométriques que,

1° Si dans une proportion arithmétique on ajoute à chacun des antécédens, ou si l'on en retranche la différence ou raison qui règne dans cette proportion, selon que l'antécédent sera plus petit ou plus grand que son conséquent, chaque antécédent deviendra égal à son conséquent ; car c'est donner au plus petit terme de chaque rapport ce qui lui manque pour égaler son voisin, ou retrancher du plus grand ce dont il surpasse son voisin. Ainsi, dans la proportion 3.7:8.12, ajoutez la différence 4 au premier et au troisième terme, vous aurez 7.7:12.12, et il est aisé de sentir que cela est général ;

2° Si dans une proportion géométrique vous multipliez chacun des deux conséquens, par le rapport, vous les rendrez pareillement égaux chacun à son antécédent, car multiplier le conséquent par le rapport c'est le prendre autant de fois qu'il est contenu dans l'antécédent : ainsi dans la proportion 12:3::20:5, multipliez 3 et 5 chacun par 4, et vous aurez 12:12::20:20, pareillement, dans la proportion 15:9::45:27, multipliez 9 et 27 chacun par $\frac{15}{9}$ ou $\frac{5}{3}$ qui est le rapport, vous aurez 15:15::45:45.

Propriété des proportions arithmétiques.

176. La propriété fondamentale des proportions arithmétiques, est que *la somme des extrêmes est égale à la somme des moyens ;* par exemple, dans cette proportion 3.7:8.12, la somme 3 et 12 des extrêmes, et celle 7 et 8 des moyens, sont également 15.

Voici comment on peut s'assurer que cette propriété est générale.

Si les deux premiers termes étaient égaux entre eux, et les deux derniers aussi égaux entre eux, comme dans cette proportion :

7.7:12:12,

il est évident que la somme des extrêmes serait égale à celle des moyens.

Or toute proportion arithmétique peut être ramenée à cet état (175), en ajoutant à chaque antécédent, ou en ôtant la différence qui règne dans la proportion. Cette addition, qui augmentera également la somme des extrêmes et celle des moyens, ne peut rien changer à l'égalité de ces deux sommes; ainsi si elles deviennent égales par cette addition, c'est qu'elles étaient égales sans cette même addition. Le raisonnement est le même pour le cas de la soustraction.

177. Puisque dans la proportion continue les deux termes moyens sont égaux, il suit de ce qu'on vient de démontrer, que, dans cette même proportion, la somme des extrêmes est double du terme moyen, ou que le terme moyen est la moitié de la somme des extrêmes. Ainsi pour avoir un moyen arithmétique entre 7 et 15, par exemple, j'ajoute 7 à 15, et prenant la moitié de la somme 22, j'ai 11 pour le terme moyen, en sorte que $\div$ 7, 11 . 15:

Propriété des proportions géométriques.

178. La propriété fondamentale de la proportion géométrique, est que *le produit des extrêmes est égal au produit des moyens*; par exemple, dans cette proportion 3 : 15 :: 7 : 35, le produit de 35 par 3, et celui de 15 par 7, sont également 105.

Voici comment on peut se convaincre que cette propriété a lieu dans toute proportion géométrique.

Si les antécédens étaient égaux à leurs conséquens; comme dans cette proportion :

$$3 : 3 :: 7 : 7.$$

il est évident que le produit des extrêmes serait égal au produit des moyens.

Mais on peut toujours ramener une proportion à cet état (175) en multipliant les deux conséquens par la raison. Cette multiplication fera à la vérité, que le produit des extrêmes sera un certain nombre de fois plus grand qu'il n'aurait été ou sera un certain nombre de fois plus petit, si le rapport est une fraction; mais elle produira le même effet sur celui des moyens; donc puisqu'après cette multiplication le produit des extrêmes serait égal au produit des moyens, ces deux produits doivent aussi être égaux sans cette même multiplication.

On peut donc prendre le produit des extrêmes pour celui des moyens, et réciproquement.

Donc *dans la proportion continue, le produit des extrêmes est égal au carré du terme moyen;* car les deux moyens étant égaux, leur produit est le carré de l'un d'eux. Donc pour avoir un moyen géométrique entre deux nombres proposés, il faut multiplier ces deux nombres l'un par l'autre, et tirer la racine carrée de ce produit, Ainsi pour avoir un moyen géométrique entre 4 et 9, je multiplie

4 par 9 et la racine carrée du produit 36 est le moyen proportionnel cherché.

179. De la propriété fondamentale de la proportion géométrique, il suit que, si connaissant les trois premiers termes d'une proportion, on voulait déterminer le quatrième, il faudrait *multiplier le second par le troisième, et diviser le produit par le premier;* car il est évident (74) qu'on aurait le quatrième terme en divisant le produit des deux extrêmes par le premier terme; or, ce produit est le même que celui des moyens: donc on aura aussi le quatrième terme en divisant le produit des moyens par le premier terme.

Ainsi, l'on demande quel serait le quatrième terme d'une proportion dont les trois premiers seraient 3:8::12, je multiplie 8 par 12, ce qui me donne 96 que je divise par 3; le quotient 32 est le quatrième terme demandé, en sorte que 3, 8, 12, 32 forment une proportion : en effet, le premier rapport est $\frac{2}{8}$, et le second est $\frac{12}{32}$ qui, (89) en divisant les deux termes par 4, est aussi $\frac{3}{8}$.

Par un semblable raisonnement, on voit qu'on peut trouver tout autre terme de la proportion, lorsqu'on en connaît trois.

Si le terme qu'on veut trouver est un des extrêmes, il faudra multiplier les deux moyens, et diviser par l'extrême connu : si, au contraire, on veut trouver un des moyens, il faudra multiplier les deux extrêmes, et diviser par le terme moyen connu.

180. Cette propriété de l'égalité entre le produit des extrêmes et celui des moyens, ne peut appartenir qu'à quatre quantités en proportion géométrique. En effet, si l'on avait quatre quantités qui ne fussent point en proportion géométrique, en multipliant les conséquens par le rapport des deux premières, il n'y aurait que le premier antécédent qui deviendrait égal à son conséquent. Par exemple, si l'on avait 3, 12, 5, 10, en multipliant les conséquens 12 et 10 par la raison $\frac{1}{4}$, des deux premiers termes 3 et 12, on aurait 3, 3, 5, $\frac{10}{4}$, dans lesquels il est évident que le produit des extrêmes ne peut être égal à celui des moyens; donc ces produits ne pourraient pas être égaux non plus; quand même on n'aurait pas multiplié les conséquens par la raison $\frac{1}{4}$. Il est visible que ce raisonnement peut s'appliquer à tous les cas.

Donc, si quatre quantités sont telles que le produit des extrêmes soit égal au produit des moyens, ces quatre quantités sont en proportion. De là nous conclurons cette seconde propriété des proportions.

181. *Si quatre quantités sont en proportion, elles y seront encore si l'on met les extrêmes à la place des moyens, et les moyens à la place des extrêmes.*

182. La même chose aura lieu, c'est-à-dire, que *la proportion subsistera, si l'on échange les places des extrêmes, ou celles des moyens.*

En effet, dans tous les cas, il est aisé de voir que le produit des extrêmes sera toujours égal à celui des moyens.

Ainsi la proportion $3 : 8 :: 12 : 32$ peut fournir toutes les proportions suivantes par la seule permutation de ses termes.

$$3 : 8 :: 12 : 32$$
$$3 : 12 :: 8 : 32$$
$$32 : 12 :: 8 : 3$$
$$32 : 8 :: 12 : 3$$
$$8 : 3 :: 32 : 12$$
$$8 : 32 :: 3 : 12$$
$$12 : 3 :: 32 : 8$$
$$12 : 32 :: 3 : 8$$

Et il en est de même de toute autre proportion.

183. Puisqu'on peut mettre le troisième terme à la place du second, et réciproquement, on doit en conclure *qu'on peut, sans troubler une proportion, multiplier ou diviser les deux antécédens par un même nombre, et qu'il en est de même à l'égard des conséquens;* car en faisant cette permutation, les deux antécédens de la proportion donnée formeront le premier rapport, et les deux conséquens le second. Ainsi multiplier les deux antécédens de la première proportion, revient alors à multiplier les deux termes d'un rapport chacun par un même nombre, ce qui (170) ne change point ce rapport. Par exemple, si j'ai la proportion $3 : 7 :: 12 : 28$, je puis, en divisant les deux antécédens par 3, dire $1 : 7 :: 4 : 28 :$ parce que la proportion $3 : 7 :: 12 : 28$, on peut (182) conclure $3 : 12 :: 7 : 28$, et en divisant les deux termes du premier rapport par 3, $1 : 4 :: 7 : 28$. qui (182) peut être changée en $1 : 7 :: 4 : 28$.

184. *Tout changement fait dans une proportion, de manière que la somme de l'antécédent et du conséquent, ou leur différence, soit comparée à l'antécédent ou au conséquent, de la même manière dans chaque rapport, formera toujours une proportion.*

Par exemple, si l'on a la proportion

$$12 : 3 :: 32 : 8$$

on en pourra conclure les proportions suivantes :

$$12 \; plus \; 3 : 3 :: 32 \; plus \; 8 : 8$$
$$ou \; 12 \; moins \; 3 : 3 :: 32 \; moins \; 8 : 8$$
$$ou \; 12 \; plus \; 3 : 12 :: 32 \; plus \; 8 : 32$$
$$ou \; 12 \; moins \; 3 : 12 :: 32 \; moins \; 8 : 32$$

Car si c'est au conséquent que l'on compare, il est facile de voir que l'antécédent augmenté ou diminué du conséquent, contiendra ce conséquent une fois de plus ou une fois de moins qu'auparavant : et comme cette comparaison se fait de la même manière pour le second rapport, qui, par la nature de la proportion, est égal au premier, il s'ensuit nécessairement que les deux nouveaux rapports seront aussi égaux entre eux.

Si c'est à l'antécédent que l'on compare, le même raisonnement aura encore lieu, en concevant que dans la proportion sur laquelle on fait ce changement, on ait mis l'antécédent de chaque rapport à la place de son conséquent, et le conséquent à la place de l'antécédent, ce qui est permis (181).

185. Puisqu'en mettant le troisième terme d'une proportion à la place du second, et réciproquement, il y a encore proportion (182), on doit conclure que les deux antécédens se contiennent l'un l'autre autant de fois que les conséquens se contiennent aussi l'un l'autre.

Donc *la somme de deux antécédens de toute proportion, contient la somme des deux conséquens, ou est contenue en elle, autant qu'un des antécédens contient son conséquent, ou est contenu en lui.*

Par exemple, dans la proportion

$$12 : 3 :: 32 : 8$$

12 plus 32 : 3 plus 8 :: 32 : 8, ce qui est évident.

Mais pour s'en convaincre généralement, il n'y a qu'à faire attention que si le premier antécédent contient le second quatre fois; par exemple, la somme des deux antécédens contiendra le second cinq fois, et, par la même raison, la somme des conséquens contiendra le second conséquent cinq fois; donc la somme des antécédens contiendra celle des conséquens, comme le quintuple d'un des antécédens contient le quintuple de son conséquent, c'est-à-dire, (170) comme un des antécédens contient son conséquent.

On trouverait de même que la différence des antécédens est à la différence des conséquens, comme un antécédent est à son conséquent.

186. Il est évident que la proposition qu'on vient de démontrer revient à celle-ci : si on a deux rapports égaux, par exemple, celui de. . . . . $4 : 12$

et celui de. . . . . $7 : 21$

$$\overline{11 : 33}$$

On aura encore le même rapport, en ajoutant antécédent à antécédent, et conséquent à conséquent.

Donc *si l'on a plusieurs rapports égaux la somme de tous les antécédens est à la somme de tous les conséquens comme l'un des antécédens est à son conséquent.* Par exemple, si on a les rapports 4 : 12 :: 7 : 21 :: 2 : 6, on ne peut dire que 4 *plus* 7 *plus* 2, sont à 12 *plus* 21 *plus* 6, comme 4 est à 12, ou comme 7 est à 21, etc.

Car, après avoir ajouté, entre eux, les antécédens des deux premiers rapports, et leurs conséquens aussi entre eux, le nouveau rapport qui, selon ce qu'on vient de voir, sera la même que chacun des deux premiers, sera aussi le même que le troisième : par conséquent on pourra l'ajouter de même avec celui-ci, et il en résultera encore le même rapport, et ainsi de suite.

187. On appelle *rapport composé*, celui qui résulte de deux ou d'un plus grand nombre de rapports dont on multiplie les antécédens entre eux, et les conséquens entre eux. Par exemple, si l'on a les deux rapports 12 : 4 et 25 : 5, le produit des antécédens

12 et 25 sera 300 , celui des conséquens 4 et 5 sera 20 ; le rapport de 300 à 20 est ce qu'on appelle rapport composé des rapports de 12 à 4, et 25 à 5.

188. Ce rapport est le même que si l'on avait évalué séparément chacun des rapports composans , et qu'on eût multiplié entre eux les nombres qui expriment ces rapports. En effet, le rapport de 12 à 4 est 3, celui de 25 à 5 est 5 ; or, 3 fois 5 font 15, qui est le rapport de 300 à 20 , et on peut voir que cela est général, en faisant attention que le rapport est mesuré (168) par une fraction qui a l'antécédent pour numérateur , et le conséquent pour dénominateur : ainsi le rapport composé doit être une fraction qui ai pour numérateur le produit des deux antécédens, et pour dénominateur le produit des deux conséquens ; c'est donc (106) le produit des deux fractions qui exprime les rapports composans.

189. Si les rapports que l'on multiplie sont égaux , le rapport composé est dit *rapport doublé*, si l'on n'a multiplié que deux rapports ; *rapport triplé*, si l'on en a multiplié trois ; *quadrublé*, si l'on en a multiplié quatre , et ainsi de suite. Par exemple, si l'on multiplie le rapport de 2 à 3 par celui de 4 à 6 qui lui est égal , on aura le rapport composé 8 : 18 qui se dit rapport *doublé*, du rapport de 2 à 3 , ou de 4 à 6.

190. *Si l'on a deux proportions , et qu'on les multiplie par ordre , c'est-à-dire , le premier terme de l'une par le premier terme de l'autre , le second par le second et ainsi de suite ; les quatre produits qui en résulteront , seront en proportion.*

Car en multipliant ainsi deux proportions , c'est multiplier deux rapports égaux par deux rapport égaux (172), donc les deux rapports composés qui en résultent doivent être égaux; donc les quatre produits doivent être en proportion (172).

191. Concluons de là que *les carrés , les cubes , et en général les puissances semblables de quatre quantités en proportion , sont aussi en proportion* ; puisque pour former ces puissances , il ne faut que multiplier la proportion par elle-même plusieurs fois de suite.

192. *Les racines carrées , cubiques , et en général les racines semblables de quatre quantités en proportions sont aussi en proportion* ; car le rapport des racines carrées des deux premiers termes n'est autre chose que la racine carrée du rapport de ces deux termes (142 et 167), et il en est de même du rapport des racines carrées des deux derniers termes; donc puisque les deux rapports primitifs sont supposés égaux , leurs racines carrées sont égales ; donc le rapport des racines carrées des deux premiers termes sera égal au rapport des racines carrées des deux derniers. On prouvera de même pour les racines cubiques, quatrièmes , etc.

Usage des proportions précédentes.

193. Les proportions que nous venons de démontrer, et que appelle les *règles des proportions*, ont des applications continuelles

dans toutes les parties des mathématiques. Nous nous bornerons ici à celles qui appartiennent à l'arithmétique, et nous commencerons par celles qu'on peut faire de ce qui a été établi (179), et qui est la base de presque toutes les autres.

De la règle de Trois *directe et simple.*

194. On distingue plusieurs sortes de règles de *trois* : elles ont toutes pour objet de faire connaître un terme d'une proportion dont on en connaît trois.

Celle qu'on appelle *règle de trois directe et simple*, est nommée *simple*, parce que l'énoncé des questions auxquelles on l'applique, ne renferme jamais plus de quatre quantités, dont trois sont connues, et la quatrième est à trouver.

On l'appelle *directe*, parce que des quatre quantités qu'on y considère, il y en a toujours deux qui, non-seulement sont relatives aux deux autres, mais qui en dépendent de manière que, de même qu'une des quantités contient l'autre, ou est connue en elle, de même aussi la quantité relative à la première contient la quantité relative à la seconde est contenue en elle, c'est-à-dire d'une manière plus abrégée, qu'une quantité et sa relative peuvent toujours être, toutes deux, ou antécédens ou conséquens dans la proportion; ce qui n'a pas lieu dans la règle de trois inverse, comme nous le verrons dans peu.

La méthode pour trouver le quatrième terme d'une proportion, et par conséquent pour faire la règle de *trois* directe et simple, est suffisamment exposée (179); mais il est à propos de fraire connaître, par quelques exemples, l'usage qu'on peut faire de cette règle.

EXEMPLE I.

40 ouvriers ont fait en un certain temps, 268 toises d'ouvrage, on demande combien 60 ouvriers pourraient en faire dans le même temps.

Il est clair que le nombre des toises doit augmenter à proportion du nombre des ouvriers ; en sorte que celui-ci devenant double, triple, quadruple, etc. le premier doit devenir aussi double, triple, quadruple, etc. Ainsi l'on voit que le nombre de toises cherché doit contenir les 268 toises, autant que le nombre 60, relatif au premier, contient le nombre 40 relatif au second : il faut donc chercher le quatrième terme d'une proportion qui commencerait par ces trois-ci,

$$40 : 60 :: 268\text{T} :$$

Ou (en divisant ces deux premiers termes par 20) ce qui est permis (170), par ces trois autres.

$$2 : 3 :: 268\text{T} :$$

Ainsi, selon qu'il a été dit (179), je multiplie 268T par 3, et je divise le produit 804 par 2 ; ce qui me donne pour quotient 402T, et par conséquent 402T pour l'ouvrage que feraient les 60 ouvriers.

EXEMPLE II.

Un navire a fait avec un même vent, 275 lieues en trois jours, on demande en combien de temps il en ferait 2000, toutes les autres circonstances demeurant les mêmes ?

Il est évident qu'il faut plus de temps, à proportion du nombre de lieues, et que par conséquent le nombre de jours cherché doit contenir trois jours, autant que 2000 contiennent 275 lieues : il faut donc chercher le quatrième terme d'une proportion qui commencerait par ces trois-ci,

$$275 : 2000 :: 3 :$$

Multipliant 2000 par 3, et divisant le produit 6000 par 275, on aura 21 jours $\frac{9}{11}$.

EXEMPLE III.

52t 4p 5d d'ouvrage on été payés 168# 9s 4d ; on demande combien on doit payer pour 77t 1p 8p ?

Le prix de 77t 1p 8p doit contenir le prix 168# 9s 4d des 52t 4p 5p autant que 76t 1p 8p contiennent 52t 4p 5p. Il faut donc chercher le quatrième terme d'une proportion qui commencerait par ces trois-ci.

$$52t \ 4p \ 5p : 77t \ 1p \ 8p :: 168\text{\#} \ 9s \ 4d :$$

C'est-à-dire, qu'il faut multiplier 168# 9s 4d par 77t 1p 8p, et diviser le produit par 52t 4p 5p, ce qu'on peut faire par ce qui a été dit (122 et 128).

Mais il sera encore plus simple de réduire les deux premiers termes à leur plus petite espèce, c'est-à-dire, en pouces, et la question sera réduite à chercher le quatrième terme d'une proportion qui commencerait par ces trois autres.

$$3796 : 5564 :: 168\text{\#} \ 9s \ 4d :$$

Alors multipliant 168# 9s 4d par 5564, on aura 937348# 10s 8d, et divisant 3797, le quotient 246# 17s 3d $\frac{2789}{5797}$ sera ce qu'on doit payer pour les 77t 1p 8p.

S'il y avait des fractions, après avoir réduit les deux termes de même espèce, à leur plus petite unité, comme dans cet exemple, on simplifierait le rapport de ces deux termes de la manière qui a été enseignée (171).

De la règle de Trois inverse et simple.

195. La règle de *trois inverse et simple*, diffère de la règle de trois directe, dont nous venons de parler, en ce que les quatre quantités qui entrent dans l'énoncé de la question pour laquelle on fait cette opération, les deux principales doivent se contenir l'une l'autre, dans un ordre tout opposé à celui des deux autres quantités qui leur sont relatives ; en sortes que, lorsque par l'examen de la question, on a donné à ces quantités la disposition convenable pour former une proportion, l'une des quantités principales et sa relative forment les extrêmes, et l'autre quantité principale, avec sa relative, forment les moyens.

Au reste, cela n'introduit aucune différence dans la manière de faire l'opération : c'est toujours le quatrième terme d'une proportion qu'il s'agit de trouver, ou du moins on peut toujours amener la chose à ce point.

Quelques arithméticiens ont prescrit, pour le cas présent, une règle assujettie à l'énoncé de la question : nous ne suivrons point leur exemple ; c'est la nature de la question, et non pas un énoncé, (qui souvent est vicieux), qui doit diriger dans la résolution.

EXEMPLE I.

3o hommes ont fait un certain ouvrage en 25 jours ; combien faudrait-il d'hommes pour faire le même ouvrage en 10 jours ?

On voit qu'il faut dans ce second cas, d'autant plus d'hommes, que le nombre de jours est moindre ; ainsi le nombre d'hommes cherché doit contenir le nombre de 3o hommes, autant que le nombre 25 de jours, relatif à ceux-ci, contient le nombre de 10 jours, relatif à ceux-là. Il ne s'agit donc que de trouver le quatrième terme d'une proportion qui commencerait par ces trois-ci. . . . .

10j : 25 :: 3oh :

C'est-à-dire de multiplier 3o par 25, et de diviser le produit 75o par 10, ce qui donne 75 ou 75 h.

EXEMPLE II.

Un équipage n'a plus que pour 15 jours de vivres ; mais les circonstances doivent lui faire tenir encore la mer pendant 20 jours, on demande de combien on doit réduire la totalité des rations par jours ?

Représentons par l'unité, la totalité des vivres que l'on consomme par jour ; on voit que ce à quoi on doit se restreindre, doit être d'autant moindre que cette unité, que le nombre 20 des jours pendant lesquels cette économie doit durer, est plus grand que le nombre de 15 jours ; que par conséquent, de même que 20 jours contiennent 15 jours, de même la totalité des vivres que l'on aurait consommés pendant chacun de ces 15 jours, doit contenir celle des vivres que l'on consommera pendant chacun des 20 jours : il faut donc chercher le quatrième terme d'une proportion qui commencerait par les trois suivans.

20j : 15j : 1 :

Ce quatrième terme sera $\frac{15}{20}$ ou $\frac{3}{4}$; il faut donc se réduire aux $\frac{3}{4}$ de ce qu'on aurait consommé par jour.

De la règle de Trois *composée.*

196. Dans les deux règles de trois que nous venons d'exposer, la quantité cherchée et la quantité de même espèce qui entre dans l'énoncé de la question, ont entre elles un rapport simple, et déterminé par celui des deux autres quantités qui entrent pareillement dans l'énoncé de la question.

Dans la règle de trois composée, le rapport de la quantité cherchée à la quantité de même espèce qui entre dans l'énoncé de la question, n'est pas donné par le rapport simple des deux autres quantités seulement, mais par plusieurs rapports simples qu'il s'agit de composer (187) d'après l'examen de la question.

Quand une fois ses rapports ont été composés, la règle est réduite à une règle de trois simple; les exemples suivans vont éclaircir ce que nous disons.

EXEMPLE I.

30 hommes ont fait 132 toises d'ouvrages en 18 jours; combien 54 hommes en feront-ils en 28 jours?

On voit que l'ouvrage dépend ici non-seulement du nombre des hommes, mais encore du nombre des jours.

Pour avoir égard à l'un et à l'autre, il faut considérer que 30 hommes travaillant pendant 18 jours, ne font qu'autant que 18 fois 30 hommes, c'est-à-dire, que 540 hommes qui travailleraient pendant un jour.

Pareillement 54 hommes travaillant pendant 28 jours, ne font qu'autant que feraient 28 fois 54 hommes, ou 1512 hommes travaillant pendant un jour.

La question est donc changée en celle-ci : 540 hommes ont fait 152 toises d'ouvrage, combien 1512 hommes en feraient-ils dans le même temps? c'est-à-dire, qu'il faut chercher le quatrième terme d'une proportion qui commencerait par ces trois-ci.

$$540h : 1512h : : 132t :$$

Multipliant 1512 par 132, et divisant le produit par 540, on trouvera pour réponse à la question, 369t 3p 7p 2l $\frac{2}{5}$.

EXEMPLE II.

Un homme, marchant 7 heures par jour, a mis 30 jours à faire 230 lieues, s'il marchait 10 heures par jour; combien emploierait-il de jours pour faire 600 lieues, allant toujours avec la même vitesse?

S'il marchait pendant le même nombre d'heures par jour, dans chaque cas, on voit qu'il emploierait d'autant plus de jours, qu'il a plus de chemin à faire; mais comme il marche pendant un plus grand nombre d'heures chaque jour, dans le second cas, il lui faudra moins de temps par cette raison : ainsi l'opération tient en partie à la règle de trois directe à la règle de trois inverse.

On la réduira à une règle de trois simple, en considérant que marcher pendant 30 jours, en employant 7 heures chaque jour, c'est marcher pendant 30 fois 7 heures, ou 210 heures ; ainsi on peut changer la question en cette autre : il a fallu 210 heures pour faire 230 lieues, combien en faudrait-il pour faire 600 lieues ? Quand on aura trouvé le nombre d'heures qui satisfait à cette question, en le divisant par 10, on aura le nombre de jours demandé; puisque l'homme dont il s'agit emploie 10 heures par jour.

Ainsi il faut chercher le quatrième terme de la proportion dont les trois premiers sont :

$$230l : 600l : : 210h :$$

On trouvera que ce quatrième terme est 547 heures $\frac{19}{25}$, lesquelles divisées par 10, nombre des heures que cet homme emploie chaque jour, donnent 54 jours et $\frac{180}{250}$ ou 54 $\frac{18}{25}$.

EXEMPLE III.

Le pied de Londres étant au pied de roi ∴ : 15 : 16, on demande combien 720 pieds de Londres font de pieds de roi ?

Il est clair que pour mesurer une longueur déterminée, il faudra moins de pieds de roi que de pieds de Londres, dans le même rapport que cette première mesure est au contraire plus grande que la seconde ; en sorte que la question se réduit à calculer le quatrième terme d'une proportion qui commencerait par ces trois-ci.

$$16 : 15 : : 720 :$$

Multipliant donc 720 par 15, et divisant par 16, on aura 675 pour le nombre de pieds de roi qui équivalent à 720 pieds de Londres.

EXEMPLE IV.

Un convoi peut faire un certain espace en 18 jours en marchant 5 heures par jour, mais on voudrait le faire arriver en 12 jours, abstraction faite des séjours ; on demande combien d'heures il doit marcher par jour ?

Il est évident qu'il doit, chaque jour, marcher pendant un nombre d'heures d'autant plus considérables que 5 heures ; que le nombre 12 des jours qu'il doit employer est plus petit au contraire que le nombre 18 des jours qu'il aurait employés, si l'on n'eût pas forcé la marche. Ainsi l'état de la question fait voir qu'il s'agit de calculer le quatrième terme d'une proportion qui commencerait par ces trois-ci.

$$12 : 18 : : 5 :$$

Multipliant donc 18 par 5, et divisant par 12, on a 7 h. $\frac{1}{2}$, pour le nombre d'heures pendant lesquelles le convoi doit marcher chaque jour.

De la règle de Société.

197. La règle de *Société* est ainsi nommée, parce qu'elle sert à partager entre plusieurs associés, le bénéfice ou la perte résultant de leur société.

Son but et de partager un nombre proposé, en parties qui aient entre elles des rapports donnés.

La règle que l'on donne pour cet effet, est fondée sur ce que nous avons établi (186) ; nous allons la déduire de ce principe, dans l'exemple suivant.

EXEMPLE I.

Supposons, par exemple, qu'il s'agisse de partager 120, en trois parties qui aient entre elles les mêmes rapports que les nombres 4, 3, 2 ; l'énoncé de la question fournit ces deux proportions.

4 : 3 : : la première partie est à la seconde.

4 : 2 : : la première partie est à la troisième.

Ou (182) ces deux autres :

4 est à la première partie : : 3 est à la seconde.

4 est à la première partie : : 2 est à la troisième.

De sorte qu'on a ces trois rapports égaux ; 4 est à la première partie : : 3 est à la seconde : : 2 est à la troisième.

Or, on a vu (186) que la somme des antécédans de plusieurs rapports égaux, est à la somme des conséquens comme un antécédant est à son conséquent : on peut donc dire ici, que la somme 9 des trois parties proportionnelles à celle que l'on cherche, est à la somme 120 de celles-ci, comme l'une quelconque des trois parties proportionnelles, est à la partie 120 qui lui répond.

La règle se réduit donc, 1°. à faire une totalité des parties proportionnelles données; 2° à faire autant de règles de trois, qu'il y a de parties à trouver, et dont chacune aura, pour premier terme, la somme des parties proportionnelles données; pour second terme, le nombre proposé à diviser, et pour troisième terme, l'une des parties proportionnelles données. Ainsi dans la même question que nous avons prise pour exemple, on aurait ces trois règles de trois à faire.

$$9 : 120 :: 4 :$$
$$9 : 120 :: 3 :$$
$$9 : 120 :: 2 :$$

Dont on trouvera (179) que les quatrièmes termes sont $53\frac{1}{3}$, 40, $26\frac{2}{3}$ qui ont entre eux les rapports demandés, et qui composent en effet le nombre 120.

Mais il est aisé de remarquer qu'il n'est absolument nécessaire de faire autant de règles de trois qu'il a de parties à trouver : on peut se dispenser de la dernière, en retranchant du nombre proposé la somme des autres parties, quand on les a trouvées.

EXEMPLE II.

Trois personnes ont à partager le bénéfice de la prise d'un vaisseau. La première a fait un fonds de 20000 liv. : la seconde de 60000 liv.; la troisième de 120000 liv. : on demande ce qui revient à chacun, sur la prise estimée 800000 liv., tous frais faits?

On voit qu'il s'agit de partager 800000 liv. en parties qui aient entre elles les mêmes rapports que 20000, 60000, 120000, ou (170) que 2, 6, 12, puisque chacun doit avoir proportionnellement à sa mise; il faut donc ajouter les trois parties proportionnelles 2, 6, 12, et faire les trois proportions suivantes, ou seulement deux.

$$20 : 800000 :: 2 \text{ l. la première partie.}$$
$$20 : 800000 :: 6 \text{ l. la seconde partie.}$$
$$20 : 800000 :: 12 \text{ l. la troisième partie.}$$

Ces trois parties seront 80000 l., 240000 l., 480000 l.

La question pourrait être plus compliquée, et cependant être ramenée aux mêmes principes, comme dans l'exemple qui suit.

EXEMPLE III.

Trois personnes ont mis en société, la première, 3000 l., qui ont été pendant six mois dans la société; la seconde, 4000 l., qui y ont été pendant cinq mois; et la troisième 8000 l. qui y sont restés pendant neuf mois; combien chacune doit-elle avoir sur le bénéfice, qui monte 12050 l.?

On réunira toutes les mises à un même temps; en cette manière.

La mise de 3000 l. a dû produire, pendant six mois, autant que 6 fois 3000 l., ou 18000 l., pendant un mois.

La mise de 4000 l., a dû produire, pendant 5 mois, autant que 5 fois 4000 l. ou 20000 l., pendant un mois.

Enfin la mise de 8000 l. a dû produire en 9 mois autant que 9 fois 8000 l. ou 72000 l., pendant un mois.

7

Ainsi, la question est réduite à cette autre : les mises de trois associés sont 18000 l., 30000 l., 72000 l.; combien revient-il à chacun sur le gain 12050 l.?

En procédant comme dans l'exemple ci-dessus, on trouvera 1971 l. 16 s. 4 d. $\frac{4}{11}$, 2190 l. 18 s. 2 d. $\frac{2}{11}$, 7887 l. 5 s. 5 d. $\frac{5}{11}$.

EXEMPLE IV.

On doit distribuer à l'île de Rhé, à Belle-Isle et au Port-Louis un approvisionnement d'outils, savoir : 4500 bêches, 2500 pics-hoyaux, 4550 pioches, 820 pics-à-tête, 820 pics-à-tocs, 2200 écoupes, 2100 serpes, et 800 haches. Cette distribution doit être faite pour chaque espèce d'outils proportionnellement et conformément à un modèle d'approvisionnement, par lequel on voit que sur 8500 outils de même espèce, l'île de Rhé en a eu 6000, Belle-Isle 1400, et le Port-Louis 1100. On demande combien il en faut de chaque espèce pour chacun de ses endroits?

Modèle d'approvisionnement.

L'ISLE DE RHÉ 6000
BELLE-ISLE. 1400
PORT-LOUIS. 1100
                                        8500

Puis chaque espèce d'outils doit être distribuée proportionnellement aux nombres 6000, 1400 et 1100, on trouvera combien chaque endroit en doit avoir d'une espèce quelconque : par exemple, de bêches, en calculant le quatrième terme de chacune de ces trois proportions :

8500 : 4500, ou 85 : 45 : : 6000 :
85 : 45 : : 1400 :
85 : 45 : : 1100 :

On s'y prendra de la même manière pour calculer le nombre des pics-hoyaux, de pioches, etc., qui doivent être distribués dans chaque endroit, et l'on trouvera que la distribution doit être faite comme il suit :

NOMBRE DES OUTILS.	DESTINATION		
	Pour L'ÎLE DE RHÉ.	Pour BELLE-ISLE.	Pour PORT-LOUIS.
4500 Bêches. . .	3177	741	582
2500 Pics-hoyaux. .	1765	412	323
4550 Pioches. .	2859	667	524
820 Pics-à-tête. .	579	135	106
820 Pics-à-toc. .	579	135	106
2200 Écoupes. .	1555	562	285
2210 Serpes. . .	1483	346	271
800 Haches. . .	565	132	103
18400	12560	2930	3300

Trois bateliers doivent faire entre eux le décompte de 1500 liv. Le premier s'était chargé de 2 milliers qu'il a conduits à 50 lieues, le second a conduit 15 quintaux à 75 lieues, et le troisième 3 milliers à 60 lieues. On demande ce qui revient à chacun.

Pour réduire cette question à la règle précédente, il faut réduire ces différens transports à une même distance ; en cette manière.

2 milliers portés à 50 lieues doivent être payés comme 50 fois 2 milliers ou 100 milliers portés à une lieue. Pareillement 15 quint. ou un millier et demi portés à 75 lieues, seront payés comme 75 fois un millier et demi, ou 112 $\frac{1}{2}$ milliers portés à une lieue. Enfin 3 milliers portés à 60 lieues doivent être payés comme 60 fois 3 milliers ou 180 milliers portés à une lieue.

Ainsi la question est la même que si les trois voituriers avaient porté à la même distance, le premier 100 milliers, le second 112 $\frac{1}{2}$ milliers, et le troisième 180 milliers. Il s'agit donc de partager 1500 liv. en trois parts proportionnelles aux nombres 100, 112 $\frac{1}{2}$ et 180, en calculant le quatrième terme de chacune des trois proportions suivantes :

$$392 \frac{1}{2} : 1500 :: 100 \quad : 382^{ll} \ 3s \ 4d$$
$$392 \frac{1}{2} : 1500 :: 112 \frac{1}{2} : 429 \ 18 \ 9$$
$$392 \frac{1}{2} : 1500 :: 180 \quad : 687 \ 17 \ 11$$

Le parc d'une armée consiste en 156 pièces de canon. On veut partager cette armée en trois divisions, de manière que la force de la première division soit à celle de la seconde :: 5 : 4, et que celle de la première soit à celle de la troisième :: 7 : 3. Il s'agit de répartir l'artillerie proportionnellement aux forces que doivent avoir les trois divisions.

Comme la force de la première division est représentée par 5 dans le premier rapport, et par 7 dans le second, il faut, avant tout, la ramener à être représentée par le même nombre, ce que l'on fera facilement, en multipliant les deux termes du premier rapport par 7, et les deux termes du second par 5, ce qui ne change point ces rapports. Alors les forces de la première, seconde et troisième division, doivent être respectivement comme les nombres 35, 28 et 15. Il s'agit donc de partager 156 en trois parties proportionnelles aux nombres 35, 28 et 15 ; ce qui s'exécute comme dans le premier exemple, et donne 70, 56 et 30.

Remarque au sujet de la règle précédente

198. Il n'est pas inutile d'examiner un cas qui peut embarrasser les commençans. Si l'on proposait cette question, partager 65 v. en trois parties dont la première soit à la seconde :: 5 : 4 ; et dont la première soit à la troisième :: 7 : 3.

On ne peut pas appliquer ici la règle précédente, sans une préparation qui consiste à rendre la même, dans chaque rapport donné, la partie proportionnelle de l'une des trois parts cherchées ; par exemple, celle de la première ; cela s'exécute aisément, en multipliant les deux termes de chaque rapport par le premier terme de l'autre rapport : ainsi les deux rapports 5 : 4 et 7 : 3, seront ramenés à avoir une même premier terme, en multipliant les deux termes du premier par 7, et les deux termes du second par 5 ; ce qui n'en change pas la valeur (170), et donne les rapports 35 : 28 et 35 : 15 ; en sorte que la question se réduit à partager 650, en trois parties qui soient entre elles comme les nombres 35, 28 et 15 ; ce qui se fera aisément par la règle précédente.

Si l'on demandait de partager un nombre en quatre parties , dont la première fût à la seconde :: 5 : 4, la première à la troisième :: 9 : 3 , et la première à la quatrième :: 7 : 5 , on réduirait ces rapports à avoir un même premier terme, en multipliant les deux termes de chacun par le produit des premiers termes des deux autres ; ainsi dans cet exemple, on changerait ces trois rapports en ces trois autres , 3,5 : 252 , 3,5 : 175, 3,5 : 135 ; en sorte que la question se réduit à partager le nombre proposé, en quatre parties qui soient entre elles, comme les nombres 3x5 , 252 , 175 et 135.

De quelques autres règles dépendantes des proportions.

199. Quoique les règles suivantes soient d'un usage moins fréquent que les précédentes , nous ne pouvons cependant les omettre absolument , outre qu'elles ne sont pas sans utilité par elles-mêmes , elles sont d'ailleurs propres à faire sentir l'étendue des usages des proportions.

200. La première dont nous parlerons est la règle d'une fausse position. On l'applique souvent à résoudre des questions qui appartiennent à la règle de société , dont elle diffère , en ce qu'au lieu de prendre les parties proportionnelles telles qu'elles sont données par l'énoncé de la question , il faut en prendre une arbitrairement , et y faire subordonner les autres conformément à la question , ce qui rend le calcul un peu plus facile.

EXEMPLE I.

Partager 640 liv. entre trois personnes, dont la seconde ait le quadruple de la première , et la troisième deux fois et $\frac{1}{5}$ autant que les deux autres ensemble.

Je prends arbitrairement , pour représenter la première partie, le nombre 3, dont je puis prendre commodément le $\frac{1}{5}$.

La première partie étant 3, la seconde sera 12, et la troisième sera 35.

La question est réduite à partager 640 en trois parties, qui soient entre elles comme les trois nombres 3, 12 et 35 ; ce qui se fera comme il a été dit (197).

La règle d'une fausse position sert aussi à résoudre des questions , qui sont en quelque façon l'inverse de celles de la règle de société , puisqu'il s'agit de revenir de la somme de quelques parties d'un nombre à ce nombre même , comme dans l'exemple qui suit.

EXEMPLE II.

On demande de trouver un nombre dont le $\frac{1}{3}$, le $\frac{1}{5}$ et les $\frac{5}{7}$, fassent 808. Je prends un nombre dont je puisse avoir commodément le $\frac{1}{3}$, le $\frac{1}{5}$ et les $\frac{7}{5}$, (ce qui est facile en multipliant les trois dénominateurs). Ce nombre sera 105; j'en prends le $\frac{1}{3}$ qui est 35, le $\frac{2}{5}$ qui est 21 , et les $\frac{5}{7}$ qui sont 45 , j'ajoute ces trois nombres, et j'ai 101 , qui est composé des parties de 105, de la même manière que 808 l'est de celles du nombre en question : donc le nombre en question doit avoir le même rapport à 808, que 105 à 101; il doit donc être le quatrième terme d'une proportion qui commencerait par ces trois-ci ,

101 : 105 : : 808 :

Ce quatrième terme est 840, donc 808 renferme en effet le $\frac{1}{3}$, le $\frac{1}{5}$ et les $\frac{5}{7}$.

201. La seconde règle dont nous parlerons est celle des deux fausses positions.

Elle sert dans les questions où il s'agit de partager , non pas le nombre même proposé, mais seulement une partie de ce nombre , en parties proportionnelles à des nombres donnés; l'exemple suivant fera connaître la règle et son usage.

EXEMPLE.

Il s'agit de partager 6954 liv. entre trois personnes, de manière que la seconde ait autant que la première, et 54 liv. de plus ; et que la troisième ait autant que les deux autres ensemble, et 78 liv. de plus.

Sans les 54 et le 78 liv., il est clair qu'il ne s'agissait que de partager le nombre proposé en parties proportionnelles aux nombres 1, 1 et 2 ; mais puisqu'il faut prélever sur la somme, 54 liv. pour la seconde personne, et 54 liv. plus 78 liv. pour la troisième, il est évident qu'il n'y a qu'une partie du nombre proposé qu'on doit partager en parties proportionnelles à 1, 1 et 2 : comme cette partie, qui est facile à trouver dans l'exemple actuel peut être plus difficile à apercevoir dans d'autres circonstances, on suit la méthode que voici.

Supposons, pour la première part, tel nombre que nous voudrons, par exemple, 1 liv. ; la seconde part sera 1 livre plus 54 liv., c'est-à-dire, 35 liv. ; et la troisième sera 1 liv. plus 55 liv., plus 78 liv., c'est-à-dire, 134 liv. : la totalité de ces parts.

S'il n'eut été question que de partager en parties proportionnelles à 1, 1 et 2 ; la première part étant toujours supposée 1 liv. ; la seconde serait 1 liv., la troisième serait 2 liv., et la totalité serait 4 liv. dont la différence avec 190 liv., c'est-à-dire, 186 liv., et ce qu'il faut prélever sur la somme proposée 6954 liv., ce qui la réduit à 6760 liv. : il reste donc à partager 6768 liv. en parties proportionnelles à 1, 1 et 2, selon les règles ci-dessus ; et ayant trouvé que la première partie 1692 liv., on en conclura que les deux autres parts demandées sont 1746 liv. et 3516 liv. ; en effet, la totalité de ces trois parts est 6954.

202. On trouve encore, chez les arithméticiens, plusieurs autres règles qui ne sont autre chose que l'application des règles de trois, à différentes questions, telles que les questions d'intérêt, de change, d'escompte, etc.

Nous n'entrerons pas dans ces détails qui ne peuvent avoir de difficulté pour ceux qui, ayant bien saisi les principes établis ci-dessus, auront en même temps l'état de la question présent à l'esprit. Nous nous bornerons à un seul exemple.

Une personne a fait à un marchand un billet de 2854 liv., payable dans un an, elle vient acquitter son billet au bout de 7 mois, et le marchand consent de diminuer, pour les cinq mois restans, les intérêts qui ont été compris dans le billet, à raison de 6 pour 100 pour 12 mois ; on demande pour quelle somme le marchand doit lui rendre le billet.

Puisque 12 mois produisent 6 pour intérêt, 7 mois ont dû produire un intérêt qu'on trouvera en cherchant le quatrième terme d'une proportion dont trois premiers sont :

$$21 : 7 :: 6 :$$

Ce quatrième terme sera $\frac{45}{12}$ ou $8\frac{1}{2}$. Or, quand l'intérêt a été pris 6 pour 100, on a compté pour 106 livres ce qui ne valait que 100, donc quand l'intérêt est à $3\frac{1}{2}$, on compte pour $103\frac{1}{2}$ ce qui ne vaut que 100 ; il faut donc actuellement ce qui devait être payé 106 ne soit plus payé que $103\frac{1}{2}$. Ainsi la somme cherchée doit être le quatrième terme d'une proportion dont les trois premiers sont :

$$106 : 105\frac{1}{2} : 2854 \text{ liv.}$$

Ce quatrième terme qui est 2786 liv. 12 s. 0 d. $\frac{56}{690}$ ou $\frac{48}{55}$, est la somme que le débiteur doit donner pour retirer son billet.

De la Règle d'alliage.

203. Les questions qui appartiennent à cette règle sont de deux sortes.

Dans l'une, il s'agit de trouver la valeur moyenne de plusieurs sortes de choses, dont le nombre et la valeur particulière de chacune sont connus.

Dans la seconde, il s'agit de connaître les quantités de chaque espèce de chose qui entrent dans un ou plusieurs mélanges, lorsqu'on connaît le prix ou la valeur de chaque espèce, et le prix ou la valeur totale de chaque mélange.

Nous réservons les questions de la seconde sorte pour l'algèbre.

Quant aux questions de la première, voici la règle pour les résoudre.

Multipliez la valeur de chaque espèce de chose, par le nombre des choses de cette espèce, ajoutez tous les produits et divisez la somme par le nombre total des choses de toutes les espèces.

EXEMPLE.

On emploie 200 ouvriers, dont 50 sont payés à raison de 40 sous par jour, 70 à raison de 30 sous, 50 à raison de 25 sous, et 30 à raison de 20 sous; à combien chaque ouvrier revient-il par jour, l'un portant l'autre?

Cinquante ouvriers à 40 sous par jour font une dépense de. 2000s
70 à 30s. 2100
50 à 25. 1250
30 à 20. 600
                                              5950s

La dépense des 200 ouvriers est donc de 6950s par jour, et par conséquent, (en divisant par 200) chaque ouvrier revient, l'un portant l'autre, à 39s 6d par jour. Les autres questions de cette espèce sont si faciles à résoudre d'après cet exemple, que nous croyons à propos de ne pas insister sur cette matière.

Des progressions arithmétiques.

204. La progression arithmétique est une suite de terme dont chacun surpasse celui qui le précède; ou en est surpassé de la même quantité.

Par exemple cette suite:

÷ 1 . 4 . 7 . 10 . 13 . 16 . 19 . 22 . 25, etc.

est une progression arithmétique, parce que chaque terme y surpasse celui qui le précède, d'une même quantité qui est ici 3.

Les deux points séparés par une barre, qu'on voit ici à la tête de la progression, sont destinés à marquer qu'en énonçant cette progression, on doit répéter chaque terme, excepté le premier et le dernier, en cette manière, *1 est à 4 comme 4 est à 7, comme 7 est à 10*, etc.

La progression est dite *croissante* ou *décroissante*, selon que les termes vont en augmentant ou en diminuant, mais comme les propriétés de l'une et de l'autre sont les mêmes, en changeant seulement les mots *plus* en *moins*, *ajouter* en *soustraire*, et *multiplier* en *diviser*, nous la considérons ici uniquement comme croissante.

205. On voit donc, d'après la définition de la progression arithmétique, qu'avec le premier terme de la différence commune, ou la raison de la progression, on peut former tous les autres termes en ajoutant consécutivement cette raison, et que par conséquent,

Le second terme est composé du premier, plus la raison.

Le troisième composé du second, plus la raison, et par conséquent du premier, plus deux fois la raison.

Le quatrième est composé du troisième, plus la raison, et par conséquent du premier, plus trois fois la raison, et ainsi de suite.

206. De sorte qu'on peut dire, en général, qu'*un terme quelconque d'une progression arithmétique, est composé du premier, plus autant de fois la raison qu'il y a de termes avant lui.*

207. Donc si le premier terme était zéro, tout autre terme de la progression serait égal à autant de fois la raison qu'il y aurait de termes avant lui.

208. Ce principe peut avoir les deux applications suivantes :

1° Il sert à trouver un terme quelconque d'une progression sans qu'on soit obligé de calculer ceux qui le précèdent. Qu'on demande par exemple, quel serait le 100ᵉ terme de cette progression :

$$\div 4 . 9 . 14 . 19 . 24, \text{etc.}$$

Puisque le terme cherché doit être le centième, il y a donc 99 termes avant lui ; il est donc composé du premier terme 4, et de 99 fois la raison 5 ; il est donc 4 plus 495, c'est-à-dire, 499.

209. 2° Ce même principe sert à lier deux nombres quelconques par une suite de tant d'autres nombres qu'on voudra, de manière que le tout forme une progression arithmétique : ce qu'on appelle *insérer* entre deux nombres donnés plusieurs moyens *proportionnels arithmétiques*, ou simplement plusieurs *moyens arithmétiques.*

Par exemple on peut lier 1 et 7 par cinq nombres qui fassent une progression arithmétique avec 1 et 7 ; ces nombres sont 2, 3, 4, 5, 6 ; mais comme il n'est pas toujours aisé de voir, du premier coup-d'œil, quels doivent être ces nombres, voici comment on peut les trouver à l'aide du principe que nous venons de poser.

Il ne s'agit que de trouver la raison qui doit régner dans cette progression.

Or, le plus grand des deux nombres proposés devant être le dernier terme de la progression, doit être composé du premier, c'es-à-dire, du plus petit de ces deux nombres, plus autant de fois la raison qu'il y a de termes avant lui ; donc si du plus grand de ces deux nombres on retranche le plus petit, le reste sera composé d'autant de fois la raison qu'il doit y avoir de termes avant le plus grand, c'est-à-dire, qu'il est le produit de la multiplication de cette raison par le nombre des termes qui précèdent le plus grand ; donc (74) si l'on divise ce reste par le nombre des termes qui doivent précéder le plus grand , on aura cette raison.

Or , le nombre des termes qui doivent précéder le plus grand, est plus grand d'une unité , que le nombre des moyens qu'on veut insérer entre les deux ; donc *pour insérer entre deux nombres donnés tant de moyens arithmétiques qu'on voudra , il faut retrancher le plus petit de ses deux nombres du plus grand , et diviser le reste par le nombre des moyens augmenté d'une unité.* Le quotient sera la différence ou la raison qui doit régner dans la progression.

Par exemple, si entre 4 et 11 on demande d'insérer huit moyens arithmétiques ; je retranche 4 de 11 , il me reste 7 que je divise par 9 ; nombre de moyens augmenté de l'unité ; le quotient $\frac{7}{9}$, est la différence qui doit régner dans la progression , qui sera par conséquent :

$$\div 4 . 4\tfrac{7}{9} . 5\tfrac{5}{9} . 6\tfrac{3}{9} , 7\tfrac{1}{9} . 8\tfrac{6}{9} . 9\tfrac{4}{9} . 10\tfrac{2}{9} . 11.$$

Pareillement , si l'on demandait neuf moyens arithmétiques entre o et 1 , retranchant o de 1 , il reste 1 qu'il faudrait diviser par 10, nombre des moyens augmenté de l'unité , ce qui donne $\frac{1}{10}$, ou o, 1 pour la raison. Et par conséquent la progression sera

$$\div o . o,1 . o,2 . o,4 . o,5 . o,6 . o,7 . o,8 . o,9 . 1.$$

210. On voit par-là , qu'entre deux nombres , si voisins qu'ils puissent être l'un de l'autre , on peut toujours insérer tant de moyens arithmétiques qu'on voudra.

Nous n'en dirons pas d'avantage sur les progressions arithmétiques, que nous ne traitons ici que par rapport aux logarithmes, dont nous parlerons plus bas , nous aurons occasion d'y revenir ailleurs.

Des progressions géométriques.

211. La progression géométrique est une suite de termes dont chacun contient celui qui le précède , où est contenu en lui le même nombre de fois. Par exemple , cette suite ,

$$: : 3 : 6 : 12 : 24 ; 48 : 96 : 192.$$

est une progression géométrique, parce que chaque terme contient celui qui le précède , le même nombre de fois qui est ici 2.

Ce nombre de fois est ce qu'on appelle *la raison* de la progression.

Les quatre points qui précèdent la progression géométrique , ont la même signification que les deux points qui précèdent la progression arithmétique (204). Mais on en met quatre pour avertir que la progression est géométrique.

La progression est dite *croissante* ou *décroissante* , selon que les termes vont en augmentant ou en diminuant.

Nous considérons toujours la progression géométrique comme croissante , parce que les propriétés sont les mêmes dans l'une et dans l'autre , en changeant le mot de *multiplier* en celui de *diviser*, et celui de *contenir* en ceux de *être contenu.*

Puisque le second terme contient le premier autant de fois qu'il y a d'unités dans la raison, il est donc composé du premier multiplié par la raison.

Puisque le troisième terme contient le second autant de fois qu'il y a d'unités dans la raison, il est donc composé du second multiplié par la raison, et par conséquent du premier multiplié par la raison, et encore multiplié par la raison ; c'est-à-dire, du premier multiplié par le carré, ou la seconde puissance de la raison.

Puisque le quatrième terme contient le troisième autant de fois qu'il y a d'unités dans la raison, il est donc composé du troisième multiplié par la raison, et par conséquent du premier multiplié par le carré de la raison ; et encore multiplié par la raison, c'est-à-dire, multiplié par le cube, ou la troisième puissance de la raison.

Par exemple, dans la *progression ci-dessus*, 6 est composé du premier terme 3 multiplié par la raison 2, 12 est composé du premier terme 3, multiplié par le carré 4 de la raison 2 ; 24 est composé du premier terme 3, multiplié par le cube 8 de la raison 2.

212. En continuant le même raisonnement, on voit *qu'un terme quelconque de la progression géométrique, est composé du premier, multiplié par la raison élevée à une puissance marquée par le nombre des termes qui précèdent ce terme quelconque.*

Donc, si le premier terme de la progression est l'unité, chaque autre terme sera formé de la raison même élevée à une puissance marquée par le nombre des termes qui le précèdent ; car la multiplication par le premier terme qui est l'unité, n'augmente point le produit.

Pour élever un nombre à une puissance proposée à la septième, par exemple, il faut, suivant l'idée que nous avons donnée des puissances, multiplier ce nombre par lui-même six fois consécutives. Ainsi, pour élever 2 à la septième puissance, je dirais : 2 fois 2 font 4, 2 fois 4 font 8, 2 fois 8 font 16, 2 fois 16 font 32, 2 fois 32 font 64, 2 fois 64 font 128, qui serait la septième puissance de 2 ; mais on peut abréger l'opération en diverses manières : par exemple, je puis d'abord carrer 2, ce qui fait 4 ; cuber ce 4, ce qui donne 64, et multiplier 64 par 2, ce qui fait 128 : ou bien je puis cuber 2, ce qui donne 8, carrer 8, ce qui donne 64, et multiplier 64 par 2, ce qui donne 128 ; en un mot, peu importe de quelle façon on s'y prenne, pourvu que 2 se trouve 7 fois facteur dans le produit.

213. Le principe que nous venons de poser (212) sur la formation d'un terme quelconque de la progression, et la remarque que nous venons de faire, peuvent servir à calculer tel terme qu'on voudra de la progression, sans être obligé de calculer ceux qui le précèdent. Si l'on demande, par exemple, quel serait le douzième terme de la progression.

$$\div\ 3 : 6 : 12 : 24,\ \text{etc.}$$

comme je sais (212) que ce douzième terme doit être composé

du premier ; multiplié par la raison élevée à une puissance marquée par le nombre des termes qui précèdent ce douzième, je vois que pour le former, il faut multiplier 3 par la onzième puissance de la raison 2. Pour former cette onzième puissance, je cube 2, ce qui donne 8 ; je cube 8, ce qui me donne 512 pour la neuvième puissance, et enfin je multiplie 512, neuvième puissance de la raison, par 4, seconde puissance, et j'ai 2048 pour la onzième puissance de 2 ; je multiplie donc 2048 par 3, et j'ai 6144 pour le douzième terme de la progression.

214. Une autre application qu'on peut faire du même principe, c'est pour trouver tant de moyens proportionnels géométriques qu'on voudra entre deux nombres donnés. Si l'on demandait trois moyens géométriques entre 4 et 64 : avec un peu d'attention, on voit que ces trois moyens géométriques sont 8, 16, 32. En effet, $\div$ 4 : 8 : 16 : 32 : 64, forment une progression géométrique, mais si l'on proposait d'autres moyens que 4 et 64, ou que l'on demandât tout autre nombre de moyens géométriques, on ne les trouverait pas aussi facilement.

Or, voici comment on peut les trouver en vertu du principe dont il s'agit.

La question se réduit à trouver la raison qui doit régner dans la progression, parce que, quand elle sera trouvée, on formera aisément les termes, par des multiplications successives par cette raison.

Qu'il soit question, par exemple, de trouver neuf moyens géométriques entre 2 et 2048.

2048 sera donc le dernier terme d'une progression géométrique qui commence par 2, et qui doit avoir neuf termes entre le premier et le dernier. 2048 est donc composé du premier terme 2, multiplié par la raison élevée à une puissance marquée par le nombre des termes qui doivent précéder 2048 ; donc (69) si l'on divise 2048 par le premier terme, le quotient sera la raison élevée à une puissance marquée par le nombre des termes qui doivent précéder 2048, donc, en cherchant quelle est la racine de cette puissance, on aura la raison : or, cette puissance doit être la dixième, puisque devant y avoir neuf termes entre 2 et 2048, il y en a nécessairement dix avant 2048 : donc il faut extraire la racine dixième du quotient qu'aura donné le plus grand nombre 2048 divisé par le plus petit 2.

215. Comme on peut faire le même raisonnement dans tous les cas, concluons donc en général que, *pour insérer entre deux nombres donnés, tant de moyens géométriques qu'on voudra, il faut diviser le plus grand de ces deux nombres par le plus petit, ce qui donnera un quotient ; on extraira de ce quotient une racine du degré marqué par le nombre des moyens augmenté de l'unité.*

Ainsi pour revenir à notre exemple, je divise 2048 par 2, ce

qui me donne 1024, dont je cherche la racine dixième (*); elle
est 2; donc la racine est 2. Ainsi, pour former les moyens en
question, je multiplie le premier terme 2 continuellement par la
raison 2; et après avoir formé neuf moyens, je retombe sur 2048
comme on le voit ici :

$$\div 2 : 4 : 8 : 16 : 32 : 64 : 128 : 256 : 512 : 1024 :: 2048.$$

Pareillement, si l'on demandait de trouver quatre moyens géométriques entre 6 et 48; je diviserais 48 par 6, et du quotient 8 je
tirerai la racine cinquième : comme 8 n'a pas de racine cinquième
exacte, on ne peut jamais assigner exactement en nombre, quatre
moyens géométriques entre 6 et 48; mais on peut approcher de cette
racine si près qu'on le voudra, par une méthode analogue à celles de
la racine carrée et de la racine cubique, et que nous ferons connaître dans l'algèbre. En attendant, il suffit que l'on conçoive qu'il est
possible de trouver un nombre qui, multiplié quatre fois de suite
par lui-même, approche de plus en plus de reproduire 8, et qu'il
en est de même pour tout autre nombre et pour tout autre racine;
et de-là nous conclurons qu'entre deux nombres quelconque, on
peut toujours trouver tant de moyens géométriques qu'on voudra,
soit exactement, soit par une approximation poussée à tel degré
qu'on voudra, et c'est tout ce qu'il nous faut pour passer aux
logarithmes.

Des Logarithmes.

216. Les *Logarithmes* sont des nombres en progression arithmétique, qui répondent, terme pour terme, à une pareille suite de
nombres en progression géométrique. Si l'on a, par exemple, la
progression géométrique, et la progression arithmétique suivante.

$$\div 2 : 4 : 8 : 16 : 32 : 64 : 128 : 156, \text{ etc.}$$
$$\div 3 . 4 . 7 . 9 . 11 . 13 , 17, \text{ etc.}$$

Chaque terme de la suite inférieure, est dit le logarithme du
terme qui est à pareille place dans la suite supérieure.

217. Un même nombre peut donc avoir une infinité de logarithmes différens, puisqu'à la même progression géométrique on
peut faire correspondre une infinité de progression arithmétiques
différentes. Comme nous ne considérons ici les logarithmes, que
par rapport à l'usage qu'on veut en faire dans les calculs numé-

(*) Nous n'avons pas donné de méthode pour extraire la racine dixième
d'un nombre, mais il en est de celle-ci comme de la racine carrée et de la
racine cubique : la racine carrée ne doit avoir qu'un chiffre lorsque le
nombre proposé n'en a pas plus de deux; la racine cubique ne doit avoir
qu'un lorsque le nombre proposé n'en a pas plus de trois, pareillement
la racine dixième n'aura jamais qu'un chiffre, tant que le nombre proposé
n'en aura pas plus de dix, il en est de même pour les autres racines; la
trentième, par exemple, n'aura qu'un chiffre, si le nombre proposé n'a pas
plus de trente chiffres; cela se démontre, comme on l'a fait pour la racine
carrée et la racine cubique.

x

riques , nous ne nous arrêterons pas à considérer les différentes progressions géométriques et arithmétiques qu'on pourrait comparer entre elles : nous passons tout de suite à celles qu'on a considérées dans la formation des tables de logarithmes.

218. On a choisi pour progression géométrique , la progression décuple, et pour progression arithmétique la suite naturelle des nombres, c'est-à-dire, qu'on a choisi les deux progressions suivantes,

$$\div : 1 : 10 : 100 : 1000 : 10000 : 100000 : 1000000$$
$$\div \quad 0 \;.\; 1 \;.\; 2 \;.\; 3 \;.\; 4 \;.\; 5 \;.\; 6.$$

219. Ainsi , il sera toujours aisé de reconnaître quel est le logarithme de l'unité suivie de tant de zéros qu'on voudra , il a toujours autant d'unités qu'il y a de zéros à la suite de cette unité.

Nous n'enseignerons pas ici la méthode qu'on a suivie pour trouver les logarithmes des termes intermédiaires de la progression décuple ; elle dépend des principes que nous ne pouvons exposer ici, mais nous allons expliquer leur formation par une voie qui, à la vérité , ne serait pas plus expéditive pour calculer ces logarithmes , mais qui suffit , tant pour concevoir cette formation, que pour rendre raison des usages auxquels on emploie ces nombres artificiels,

220. D'après la définition que nous avons données des logarithmes , on voit que pour avoir le logarithme d'un nombre quelconque , de 3, par exemple, il faut que ce nombre puisse faire partie de la progression géométrique fondamentale. Or, quoiqu'on ne voie pas que 3 puisse faire partie de la progression géométrique $\div$ 1 : 10 : 100 , etc., cependant on voit que si , entre 1 et 10, on insérait un très-grand nombre de moyens géométriques (214) , comme on monterait alors de 1 à 10 par des degrés d'autant plus serrés que le nombre de ces moyens serait plus grand , il arriverait de deux choses l'une ; ou que quelqu'un de ces moyens se trouverait être précisément le nombre 3 , ou que du moins il s'en trouverait 2 consécutifs, entre lesquels le nombre 3 serait compris , et dont chacun différerait d'autant moins de 3, que le nombre des moyens insérés serait plus grand.

Cela posé , si l'on insérait pareillement entre 0 et 1 autant de moyens arithmétiques qu'on a inséré de moyens géométriques entre 1 et 10, chaque terme de la progression géométrique ayant pour logarithme le terme correspondant de la progression arithmétique , on prendrait dans celle-ci , pour logarithme de 3, le nombre qui s'y trouverait à pareille place que 3 se trouve dans la progression géométrique; ou si 3 n'était pas exactement quelqu'un des termes de celle-ci, on prendrait dans la progression arithmétique, le terme qui répondrait à celui de la progression géométrique, qui approche le plus du nombre 3.

C'est ainsi qu'on pourrait s'y prendre en effet, si l'on n'avait pas des moyens plus expéditifs. Quoiqu'il en soit, c'est à cela que revient le calcul des logarithmes.

221. Il faut donc se représenter qu'ayant inséré 10000000 de moyens géométriques entre 1 et 10, pareil nombre entre 10 et 100, pareil nombre entre 100 et 1000, etc., on a inséré aussi pareil nombre de moyens arithmétiques entre 0 et 1, pareil nombre entre 1 et 2, pareil nombre entre 2 et 3; qu'ayant rangés tous les premiers sur une même ligne, et tous les seconds au-dessous, on a cherché dans la première le nombre le plus approchant de 2, et on a pris dans la suite inférieure le nombre correspondant; qu'on a cherché de même dans la première le nombre le plus approchant de 3, et qu'on a pris dans la suite inférieure, le nombre correspondant; qu'on en a fait de même successivement, pour les nombres 4, 5, 6, etc.; qu'enfin ayant transporté dans une même colonne comme on le voit dans la table ci-jointe, les nombres 1, 2, 3, 4, 5, etc.; on a écrit dans une colonne à côté, les termes de la progression arithmétique, qu'on a trouvés correspondans à ceux-là ou du moins ceux qui en approchaient le plus, alors on aura l'idée de la formation des logarithmes, et de leur disposition dans les tables ordinaires.

TABLE DES LOGARITHMES DES NOMBRES NATURELS DEPUIS 1 JUSQU'A 200.

NOMB.	LOGAR.	NOMB.	LOGAR.	NOMB.	LOGAR.	NOMB.	LOGAR.
0	Inf. nég.	51	1,707570	102	2,008600	153	2,184691
1	0,000000	52	1,716003	103	2,012837	154	2,187524
2	0,301030	53	1,724276	104	2,017033	155	2,190332
3	0,477121	54	1,732394	105	2,021189	156	2,193125
4	0,602060	55	1,740363	106	2,025306	157	2,195900
5	0,698970	56	1,748188	107	2,029384	158	2,198657
6	0,778151	57	1,755875	108	2,033424	159	2,201397
7	0,845098	58	1,763428	109	2,037427	160	2,204120
8	0,903090	59	1,770852	110	2,041391	161	2,206826
9	0,954243	60	1,778151	111	2,045323	162	2,209515
10	1,000000	61	1,785330	112	2,049218	163	2,212188
11	1,041393	62	1,792392	113	2,053078	164	2,214844
12	1,079181	63	1,799341	114	2,056905	165	2,217484
13	1,113943	64	1,806180	115	2,060698	166	2,220108
14	1,146128	65	1,812913	116	2,064458	167	2,222716
15	1,176091	66	1,819544	117	2,068186	168	2,225309
16	1,204120	67	1,826075	118	2,071882	169	2,227887
17	1,230449	68	1,832509	119	2,075547	170	2,230449
18	1,255273	69	1,838849	120	2,079181	171	2,232996
19	1,278754	70	1,845098	121	2,082785	172	2,235528
20	1,301030	71	1,851258	122	2,086360	173	2,238046
21	1,322219	72	1,857333	123	2,089905	174	2,240549
22	1,342423	73	1,863323	124	2,093422	175	2,243038
23	1,361718	74	1,869232	125	2,096910	176	2,245513
24	1,380211	75	1,875061	126	2,100371	177	2,247973
25	1,397940	76	1,880814	127	2,103804	178	2,250420
26	1,414973	77	1,886491	128	2,107210	179	2,252853
27	1,431364	78	1,892095	129	2,110590	180	2,255273
28	1,447158	79	1,897627	130	2,113943	181	2,257679
29	1,462398	80	1,903090	131	2,117271	182	2,260071
30	1,477121	81	1,908485	132	2,120574	183	2,262451
31	1,491362	82	1,913814	133	2,123852	184	2,264818
32	1,505150	83	1,919078	134	2,127105	185	2,267172
33	1,518514	84	1,924279	135	2,130334	186	3,269513
34	1,531479	85	1,929419	136	2,133539	187	2,271844
35	1,544068	86	1,934498	137	2,136721	188	2,274158
36	1,556303	87	1,939519	138	2,139879	189	2,276462
37	1,568202	88	1,944483	139	2,143015	190	2,278754
38	1,579784	89	1,949390	140	2,146128	191	2,281013
39	1,591065	90	1,954243	141	2,149219	192	2,283301
40	1,602060	91	1,959041	142	2,152288	193	2,285557
41	1,612784	92	1,963788	143	2,155336	194	2,287802
42	1,623249	93	1,968483	144	2,158362	195	2,290035
43	1,633468	94	1,973128	145	2,161368	196	2,292256
44	1,643453	95	1,977724	146	2,164352	197	2,294466
45	1,653213	96	1,982271	147	2,167317	198	2,286665
46	1,662758	97	1,986772	148	2,170262	199	2,298853
47	1,672098	98	1,991226	149	2,173186	200	2,301030
48	1,681241	99	1,995635	150	2,176091		
49	1,690196	100	2,000000	151	2,178977		
50	1,698970	101	2,004321	152	2,181844		

Les logarithmes renfermés dans cette table n'ont que six chiffres après la virgule ; ils en ont sept dans les tables ordinaires ; mais cette différence ne nuit en rien à l'usage que nous en ferons ci-après.

222. Remarquons au sujet de cette table, que le premier chiffre de la droite de chaque logarithme, s'appelle la *Caractéristique*, parce que c'est par ce chiffre qu'on peut juger dans quelle décade est compris le nombre auquel appartient ce logarithme : par exemple, si un nombre a pour caractéristique 3, je sais qu'il appartient à des mille, parce que le logarithme de 1000 est 3, et que celui qui 10000 étant 4, tout nombre depuis mille jusqu'à 10000 ne peut avoir pour logarithme que 3 et une fraction ; il a donc 3 pour caractéristique, et les autres chiffres expriment cette fraction réduite en décimales.

Propriétés des logarithmes.

223. Comme il ne s'agit ici que des logarithmes tels qu'ils sont dans les tables ordinaires, les propriétés que nous allons exposer ne regardent que les progressions géométriques qui ont l'unité pour premier terme, et les progressions arithmétiques qui ont zéro pour premier terme.

Comparons donc encore, terme à terme, une progression géométrique quelconque ; mais dont le premier terme soit l'unité, avec une progression arithmétique aussi quelconque, mais dont le premier terme soit zéro, par exemple, les deux progressions suivantes :

$$\div 1 : 3 : 9 : 27 : 81 : 243 : 729 : 2187 : 6561, \text{ etc.}$$
$$\div 0 . 4 . 8 . 12 . 16 . 20 . 24 . 28 . 32, \text{ etc.}$$

Il suit de la nature, et de la correspondance parfaite de ces deux progressions, qu'autant de fois la raison de la première est facteur dans l'un quelconque des termes de cette progression, autant de fois la raison de la seconde est contenue dans le terme correspondant de cette seconde ; par exemple, dans le terme 2187, la raison 3 est sept fois facteur, et dans le terme 28 la raison 4 est contenue sept fois.

En effet, selon ce qui a été dit (206 et 212), la raison est facteur dans un terme quelconque de la première, autant de fois qu'il y a de termes avant celui-là ; et dans la seconde, un terme quelconque est composé d'autant de fois la raison qu'il y a de termes avant lui. Or, il y a le même nombre de termes de part et d'autre.

Concluons de là, qu'un terme quelconque de la progression géométrique, aura toujours pour correspondant dans la progression arithmétique, un terme qui contiendra la raison de celle-ci, autant de fois que la raison de la première est facteur dans le terme quelconque dont il s'agit.

224. *Donc, si l'on multiplie, l'un par l'autre, deux termes de la progression géométrique, et si l'on ajoute en même temps*

les deux termes correspondans de la progression arithmétique, le produit et la somme seront deux termes qui se correspondront dans ces progressions.

Car il est évident que la raison sera facteur dans le produit, autant qu'elle l'est, tant dans l'un des termes multipliés, que dans l'autre; et que la raison de la progression arithmétique sera contenue dans la somme autant qu'elle l'est, tant dans l'un des termes ajoutés que dans l'autre.

225. Donc on peut, par l'addition seule de deux termes de la progression arithmétique, connaître le produit des deux termes correspondans de la progression géométrique, en supposant ces deux progressions prolongées suffisamment.

Par exemple, en ajoutant les deux termes 8 et 24, qui répondent à 9 et 729, j'ai 32 qui répondent à 6561; d'où je conclus que le produit de 729 par 9, est 6561; ce qui est en effet.

226. Donc, puisque les nombres naturels qui composent la première colonne de la table ci-dessus, ont été tirés d'une progression géométrique qui commence par l'unité; et puisque leurs logarithmes sont les termes correspondans d'une progression arithmétique qui commence par zéro, il faut en conclure qu'en *ajoutant les logarithmes des deux nombres, on a le logarithme de leur produit.*

De là, il est aisé de conclure les usages suivans.

Usage des logarithmes.

227. *Pour faire une multiplication par logarithmes, il faut ajouter le logarithme du multiplicande au logarithme du multiplicateur; la somme sera le logarithme du produit; c'est pourquoi cherchant cette somme parmi les logarithmes des tables, on trouvera le produit à côté;* par exemple, si l'on propose de multiplier 14 par 13.

Je trouve dans la petite table ci-dessus que le logarithme de 14 est. 1,146128
et que celui de 13 est. 1,113943

La somme. 2,260071
répond dans la même table au nombre 182, qui est en effet le produit.

228. Pour carrer un nombre, il suffit donc de doubler son logarithme, puisqu'il faudrait ajouter ce logarithme à lui-même, pour multiplier le nombre par lui-même.

229. Par une raison semblable, pour cuber un nombre, il faudra tripler son logarithme; et en général, pour élever un nombre à une puissance quelconque, il faudra prendre son logarithme autant de fois qu'il y a d'unités dans le nombre qui marque cette puissance, c'est-à-dire, multiplier son logarithme par le nombre qui marque la puissance; par exemple, pour élever un nombre à la septième puissance, il faudra multiplier par 7 le logarithme de ce nombre.

230. Donc réciproquement, pour extraire la racine carrée, cubique, quatrième, etc., d'un nombre proposé, il faudra diviser le logarithme de ce nombre par 2, 3, 4, etc., c'est-à-dire, en général, par le nombre qui marque le degré de la racine qu'on veut extraire.

Par exemple, si l'on demande la racine carrée de 144, ayant trouvé, dans la table, que le logarithme de ce nombre est 2,158362, j'en prends la moitié 1,079181; je cherche parmi les logarithmes, à quel endroit se trouve 1,079181 : il répond à 12, qui est par conséquent la racine carrée de 144.

Si l'on demande la racine septième de 128, je cherche, dans la table son logarithme que je trouve être 2,107210, j'en prends le septième, ou je le divise par 7; et je cherche à quoi répond dans la table le quotient 0,301030, il répond à 2, qui est en effet la racine septième de 128.

231. *Pour trouver le quotient de la division d'un nombre par un autre, il faut retrancher le logarithme du diviseur, du logarithme du dividende; chercher dans la table à quel nombre répond le logarithme restant, ce nombre sera le quotient.*

Par exemple, si l'on veut diviser 187 par 17, je cherche dans la table des logarithmes de ces deux nombres, et je trouve

Le logarithme de 187. 2,271842
Celui de 17. 1,230449

La différence. 1,041393

répond dans la table à 11, qui est en effet le quotient.

Si la division ne pouvait pas être faite exactement, le logarithme restant ne se trouverait qu'en partie dans la table; mais nous allons enseigner ci-après ce qu'il faut faire dans ce cas.

La raison de cette règle est fondée sur ce que le quotient multiplié par le diviseur, devant reproduire le dividende (74), le logarithme du quotient, ajouté (227) au logarithme du diviseur, doit donc composer le logarithme du dividende, et par conséquent le logarithme du quotient vaut le logarithme du dividende, moins celui du diviseur.

232. D'après ce que nous venons de dire, il est très-facile de voir que pour faire une règle de trois par logarithmes, il faut ajouter le logarithme du second terme au logarithme du troisième, et de la somme retrancher le logarithme du premier.

233. Remarquons que lorsqu'on cherche dans les tables ordinaire, un logarithme résultant de quelques opérations sur d'autres logarithmes; si l'on ne trouve de différence entre le dernier chiffre de ce logarithme et celui de la table, que sur le dernier chiffre seulement, on doit regarder cette différence comme nulle, parce que les logarithmes de tous les nombres intermédiaires à la progression décuple, ne sont qu'approchés à environ une demi-unité décimale du septième ordre près.

8

Des nombres dont les logarithmes ne se trouvent point dans les tables.

234. Les fractions et les nombres entiers joints à des fractions, n'ont pas de logarithmes dans les tables; il en est de même des racines carrées, cubiques, etc., des nombres qui ne sont pas des puissances parfaites du degré de ces racines.

Si l'on demande le logarithme d'un nombre entier joint à une fraction, il faut d'abord réduire le tout en fraction (86), et ensuite retrancher le logarithme du dénominateur, du logarithme du numérateur. Par exemple, pour avoir le logarithme de $8\frac{5}{11}$, je cherche celui de $\frac{91}{11}$, que je trouve en retranchant $1,041393$ logarithme de 11, de $1,959041$ logarithme de 91, le reste $0,917648$, est le logarithme de $8\frac{5}{11}$, puisque $8\frac{5}{11}$ ou $\frac{91}{11}$ n'est autre chose que 91 divisé par 11 (96).

235. La même raison prouve que, pour avoir le logarithme d'une fraction, il faut retrancher pareillement le logarithme du dénominateur du logarithme du numérateur; mais comme cette soustraction ne peut se faire, puisque le logarithme du dénominateur sera plus grand que celui du numérateur, on retranchera au contraire le logarithme du numérateur de celui du dénominateur, le reste, qui marquera ce dont il s'en faut que la soustraction n'ait pu se faire, sera le logarithme de la fraction, en appliquant à ce reste un signe qui marque que la soustraction n'a pas été entièrement faite. Ce signe est celui-ci —, qu'on appelle *moins*. Alors le logarithme de la fraction $\frac{11}{91}$ serait $-0,917648$ (*).

236. Ce signe est destiné à rappeler dans le calcul, que les logarithmes des fractions doivent être employés selon une règle toute opposée à celle que nous avons prescrite pour les logarithmes des nombres entiers, ou des nombres entiers joints à des fractions; c'est-à-dire, que si l'on a à multiplier par une fraction, il faut retrancher le logarithme de cette fraction; si, au contraire, l'on a à diviser par une fraction, il faut ajouter son logarithme.

La raison en est, pour la multiplication, que multiplier par une fraction, revient à multiplier par le numérateur, et à diviser ensuite par le dénominateur; donc lorsqu'on opère par logarithmes, on doit ajouter le logarithme du numérateur, et retrancher ensuite celui du dénominateur, ou, ce qui revient au même, on doit seulement retrancher l'excès du logarithme du dénominateur sur le logarithme du numérateur : or, cet excès est précisément le logarithme de la fraction. A l'égard de la division, la raison en est aussi facile à saisir; en effet, diviser pas $\frac{5}{4}$, par exemple, revient (109) à multiplier par $\frac{4}{5}$, donc, en opérant par logarithmes, il faut

(*) Les nombres précédés du signe — se nomment nombres *négatifs*. Nous les ferons connaître plus particulièrement dans l'algèbre; en attendant, nous prévenons que c'est en prendre une idée fausse, que de les regarder comme des nombres au-dessous de zéro. Il n'y a rien au-dessous de zéro.

ajouter le logarithme de $\frac{4}{3}$, c'est-à-dire, (234) la différence du logarithme de 4, au logarithme de 3 ; ou du logarithme du dénominateur de la fraction proposée, au logarithme de son numérateur.

237. Il peut arriver, et il arrive assez souvent, qu'en convertissant en une seule fraction l'entier et la fraction dont on cherche le logarithme ; il peut arriver, dis-je, que le numérateur soit un nombre qui passe les limites des tables. Par exemple, si l'on demande le logarithme de $52\frac{821}{5704}$, ce nombre réduit en fraction, revient à $\frac{297429}{5704}$ dont le numérateur passe les limites des tables les plus étendues.

Il est donc à propos de savoir comment on peut trouver le logarithme d'un nombre qui passe ses limites.

La méthode que nous allons donner n'est pas rigoureuse ; mais elle est plus que suffisante pour les usages ordinaires. Avant que de l'exposer, observons :

238. 1° Qu'en ajoutant 1, 2, 3, etc., unités à la caractéristique du logarithme d'un nombre, on multiplie ce nombre par 10, 100, 1000, etc., puisque c'est ajouter le logarithme de 10, ou de 100, ou de 1000, etc. (219 et 227).

2° Au contraire, si l'on retranche 1, 2, 3, etc., unités de la caractéristique du logarithme, c'est diviser le nombre correspondant par 10, 100, 1000, etc.

239. Cela posé, qu'il soit question de trouver le logarithme de 357859, par exemple :

Je séparerai par une virgule, sur la droite de ce nombre, autant de chiffres qu'il est nécessaire pour que le reste puisse se trouver dans les tables (*). Ici, par exemple, j'en séparerai deux, ce qui me donnera 3578,59, qui (28) est cent fois plus petit que le nombre proposé 359859.

Je cherche dans les tables le logarithme de 3578, que je trouve être 3,5536403, je prends en même temps à côté de ce logarithme (**), la différence 1214, entre ce même logarithme et celui de 3579, après quoi je fais cette règle de trois : si, pour 1 unité de différence entre les deux nombres 3579 et 3578,

On a 1214 de différence entre leurs logarithmes ;

Combien pour 0,59, différence entre les deux nombres 3578,59 et 3578,

Aura-t-on de différence entre leurs logarithmes ? C'est-à-dire, que je cherche le quatrième terme d'une proportion, dont les trois premiers sont :

$$1 : 1214 :: 0,59 :$$

Ce quatrième terme est 716,26, ou simplement 716, en négli-

(*) Nous supposons ici que l'on ait entre les mains des tables ordinaires de logarithmes qui aillent jusqu'à 20,000, ou au moins jusqu'à 10,000, celles de M. Rivard et celles de feu M. l'abbé de la Caille sont exactes et commodes.
(**) Ces différences se trouvent dans les tables, à côté des logarithmes mêmes.

geant les décimales. J'ajoute donc 716 au logarithme 3,5536403 de 5578, et j'ai 3,5537119 pour logarithme de 5578,59 ; il ne s'agit plus, pour avoir celui de 357859, que d'ajouter deux unités à la caractéristique du logarithme qu'on vient de trouver, et on aura 5,5537119 pour le logarithme cherché, puisque 357859 est 100 fois plus grand que 5578,59.

Si les chiffres qu'on doit séparer sur la droite étaient tous des zéros, après avoir trouvé, dans les tables, le logarithme de la partie qui reste à gauche, il n'y aurait autre chose à faire qu'à ajouter autant d'unités à la caractéristique, qu'on aurait séparé de zéros.

240. S'il s'agit du logarithme d'un nombre accompagné de décimales, on cherchera ce logarithme, comme si le nombre proposé n'avait point de virgule ; et après l'avoir trouvé, soit immédiatement dans les tables, soit par la méthode qu'on vient de donner (239), on ôtera autant d'unités à la caractéristique, qu'il y a de décimales dans le nombre proposé, parce qu'ayant considéré le nombre comme s'il n'y avait point de virgule, c'est-à-dire, comme 10, ou 100, ou 1000, etc., fois plus grand qu'il n'est, on doit le rappeler à sa valeur par une diminution convenable sur le caractéristique de son logarithme (238).

241. Enfin s'il n'y a que des décimales dans le nombre proposé, on cherchera encore ce nombre dans les tables, comme s'il n'avait pas de virgule ; et ayant pris le logarithme correspondant, on le retranchera d'autant d'unités qu'il y a de décimales dans ce même nombre, et on fera précéder le reste du signe --; par exemple, pour avoir le logarithme de 0,03, je cherche celui de 3 qui est 0,477121, je le retranche de deux unités, et appliquant au reste le signe --. j'ai — 1,522879 pour logarithme de 0,03. En effet, 0,03 n'est autre chose que $\frac{3}{100}$: or, pour avoir le logarithme de $\frac{3}{100}$, il faut (235) retrancher le logarithme de 3, de celui de 100, et appliquer au reste le signe —.

Des logarithmes dont les nombres ne se trouvent point dans les tables.

242. Cette recherche n'est pas moins nécessaire que la précédente. Par exemple, pour la division, il arrive rarement que le quotient soit au nombre entier. Or, si l'on fait l'opération par logarithmes, on ne trouvera dans les tables le logarithme restant que quand le quotient sera un nombre entier. Il y a une infinité d'autres cas de la même espèce.

243. Proposons-nous d'abord de trouver à quel nombre répond un logarithme proposé, soit qu'il excède les limites des tables, soit qu'il tombe entre les logarithmes des tables.

On retranchera de la caractéristique autant d'unités qu'il sera nécessaire, pour qu'on puisse trouver, dans les tables, les premiers chiffres du logarithme proposé, ainsi préparé. Si tous les chiffres se trouvent alors dans les tables, le nombre cherché sera le nombre même qu'on trouve à côté dans les tables, mais en mettant à sa suite autant de zéros qu'on aura ôté d'unités à la caractéristique (238).

Par exemple, le logarithme 7,2273467 se trouve (après avoir ôté trois unités à la caractéristique), répondre au nombre 16879; j'en conclus que le logarithme proposé 7,2273467, répond à 16879000.

Si l'on ne trouve dans les tables que les premiers chiffres du logarithme, on se conduira comme dans l'exemple qui suit.

Pour trouver à quel nombre appartient le logarithme 5,2432768 j'ôte deux unités à la caractéristique, le logarithme 3,2432768 que j'ai alors, tombe entre les logarithmes de 1750 et 1751 : le nombre auquel il répond est donc de 1750 et une fraction.

Afin d'avoir cette fraction, je retranche de mon logarithme 3,2432768, le logarithme de 2750, et j'ai pour différence 2288.

Je prends aussi dans les tables, la différence 1481 entre les logarithmes de 1751 et 1750, après quoi je fais cette règle de trois :

Si 2481 de différence entre les logarithmes de 1751 et 1750,

Répondent à une unité de différence entre ces nombres,

A quelle différence de nombre doit répondre la différence 2288 entre mon logarithme et celui de 1750.

Je trouve pour quatrième terme $\frac{2288}{2481}$, ainsi le logarithme 3,2432768 appartient au nombre 1750 $\frac{2288}{2481}$, à très-peu de chose près ; par conséquent, le logarithme proposé qui appartient à un nombre 100 fois plus grand (238), a pour nombre correspondant 175000 $\frac{228800}{2481}$; c'est-à-dire, 175092 $\frac{548}{2481}$, ou en réduisant en décimales, il a pour nombre correspondant 175092,22.

244. Si le logarithme proposé tombait entre ceux des tables, il n'y aurait aucune unité à retrancher à la caractéristique, et par conséquent point de zéro à ajouter à la fin de l'opération ; qu'on ferait d'ailleurs de la même manière.

245. Mais comme la proportion que nous employons dans cette méthode n'est pas rigoureusement exacte (*) et qu'elle n'approche de la vérité, qu'autant que les nombres cherchés sont grands : si le logarithme proposé tombait au-dessous de celui de 1500, il faudrait pour plus d'exactitude, ajouter à sa caractéristique autant d'unités qu'on pourrait le faire sans passer les bornes des tables ; et ayant trouvé le nombre qui approche le plus d'y répondre dans ces tables, on en séparerait sur la droite autant de chiffres par une virgule, qu'on aurait ajouté d'unités à la caractéristique, ce qui suffira le plus souvent ; mais si l'on veut avoir plus de décimales, on fera la proportion comme ci-dessus (143), et réduisant le quatrième terme en décimales, on mettra celle-ci à la suite de celles qu'on déjà trouvées.

_____

(*) Cette proportion suppose que les différences des logarithmes sont proportionnelles aux différences des nombres ; ce qui n'est jamais exactement vrai, mais approche assez, quand les nombres sont un peu grands, et cela suffit pour les usages ordinaires.

Par exemple, si l'on demande à quel nombre appartient le logarithme 0,5432725 ; comme ce logarithme tombe entre ceux de 5 et de 4, et que le nombre auquel il appartient, est par conséquent beaucoup au-dessous de 1500 ; je cherche ce logarithme avec trois unités de plus à sa caractéristique ; c'est-à-dire que je cherche 3,5432725 je trouve qu'il tombe entre les logarithmes de 3493 et 3494, d'où je conclus que le nombre cherché est 3,493, à moins d'un millième près. Mais si cette approximation ne suffit pas, je prendrai la différence entre mon logarithme et celui de 3493, c'est-à-dire, 739, je prendrai pareillement la différence 1243 entre les logarithmes de 3494 et 3493, et je chercherai en raisonnant comme ci-dessus (243), le quatrième terme d'une proportion qui commencerait par ces trois ci :

$$1243 : 1 :: 739 :$$

Ce quatrième terme, évalué en décimales, est 0,594 ; donc le nombre cherché est 3,493594.

Au reste, cette seconde approximation est bornée, parce que les logarithmes des tables n'étant exacts qu'à environ une demi-unité décimale du septième ordre près, les différences sont affectées de ce léger défaut ; mais on peut toujours pousser l'approximation avec confiance jusqu'à trois décimales ; au surplus, il est rare qu'on ait besoin d'aller jusques-là ; mais la remarque que nous faisons, doit diriger aussi dans l'usage que nous avons fait ci-dessus (239 et 243), de la même proportion.

246. Si l'on veut avoir la fraction à laquelle répond un logarithme négatif proposé, on retranchera ce logarithme de 1, ou 2, où 3, ou 4, etc. unités, selon l'étendue des tables ; et après avoir trouvé le nombre qui répond au logarithme restant, on en séparera sur la droite, par une virgule, autant de chiffres qu'il y aura eu d'unités dans le nombre dont on aura retranché le logarithme.

Par exemple, si l'on demande à quelle fraction appartient — 1,532732, je retranche 1,532732 de 4, et il me reste 2,467268, qui dans la table se trouve entre les logarithmes de 293 et de 294 ; j'en conclus que la fraction cherchée est entre 0,0293 et de 0,0294, c'est-à-dire, qu'elle est 0,0293, à moins d'un dix-millième près. En effet retrancher de 4, le logarithme proposé 1,532732, c'est (236) multiplier 10000 par la fraction à laquelle appartient ce même logarithme proposé, ou (ce qui est la même chose), c'est multiplier cette fraction par 10000 ; donc le nombre qu'on trouve est 10000 fois trop grand, il faut donc le compter pour les dix-millièmes.

Tout ce que nous venons de dire, trouvera abondamment des applications par la suite. Bornons-nous, quant à présent, à donner une idée, par quelques exemples, et l'avantage que les logarithmes procurent par la facilité et la promptitude des calculs.

EXEMPLE I.

On demande le quotient de 17954 divisé par 12836, approché jusqu'à moins d'un millième près.

Logarithme de 17954. 4,254161
Logarithme de 12836. 4,108430
                  reste. 0,145731

Ce reste, cherché dans les tables avec une caractéristique plus forte de quatre unités, répond à 13987 ; donc (238) le quotient cherché est 1,3987.

EXEMPLE II.

On demande la racine cubique de 53, à moins d'un millième près.

Le logarithme de 53 est. 1,724276
Son tiers (230) est. 0,574759

Ce dernier, cherché dans les tables avec une caractéristique, plus forte que trois unités, répond à 3756 ; donc (238) la racine cherchée est 3,756.

Pour juger de l'avantage des logarithmes, on n'a qu'à chercher cette racine par la méthode donnée (156). Il ne faut pas pour cela regarder cette dernière comme inutile, car elle s'étend à une infinité de nombres auxquels les logarithmes n'atteindront pas, par rapport aux bornes des tables.

EXEMPLE III.

Veut-on avoir à moins d'un centième près, la racine cinquième du cube de 5736 ?

On triplera le logarithme de 3,758609, de 5736, et on aura 11,275827, pour logarithme du cube de 5736. Prenant le cinquième de ce dernier logarithme, on a 2,255165, pour logarithme de la racine cinquième du cube de 5736. Ce logarithme, cherché dans les tables, avec une caractéristique plus forte de deux unités, pour avoir des centièmes, répond entre les nombres 17995 et 17996, la racine cherchée est donc 179,95, à moins d'un centième près.

EXEMPLE IV.

Qu'il soit question de trouver quatre moyens proportionnels géométriques, entre $2\frac{2}{5}$, et $5\frac{5}{4}$?

Il faudrait (216) pour avoir la raison qui doit régner dans la progression, diviser $5\frac{5}{4}$, par $2\frac{2}{5}$, extraire la racine cinquième du quotient.

Par logarithmes, cette opération est très-simple. Je détermine, par les tables, le logarithme de $5\frac{5}{4}$ ou $\frac{25}{4}$; c'est 0,759668. Je détermine pareillement le logarithme de $2\frac{2}{5}$, c'est 0,425969. Je retranche donc (231) ce logarithme du premier, et j'ai 0,333699 ; prenant donc (230) le cinquième de ce dernier, j'ai 0,066740 pour le logarithme de la raison cherchée. Ce logarithme, cherché dans les tables, avec une caractéristique plus forte de 4 unités, pour avoir 4 décimales, répond à 1,1661, à moins d'une unité près; donc la raison est 1,1661, à moins d'un dix-millième près. Il ne s'agit donc plus, pour avoir les moyens proportionnels, que de multiplier le premier terme $2\frac{2}{5}$ par 1,1661; puis le produit, par 1,1661; et ainsi de suite.

Mais ces opérations peuvent être faites beaucoup plus promptement, à l'aide des logarithmes, en ajoutant successivement au logarithme 0,425969 du premier terme $2\frac{2}{5}$, le logarithme 0,066740 de la raison, son double, son triple, et son quadruple, en sorte qu'on aura 0,492709; 0,559449; 0,626189; 0,692929, pour les logarithmes 0,425969 du premier terme $2\frac{2}{5}$, le logarithme 0,066750 cherche ces logarithmes dans les tables, avec trois unités de plus à la caractéristique, on trouve que ces quatre moyens proportionnels sont 3,109; 3,626; 4,228; 4,931.

REMARQUE.

Lorsque dans une opération où l'on fait usage des logarithmes, il s'en trouve quelques-uns que l'on doit retrancher, on peut simplifier l'opération par l'observation suivante.

Lorsqu'on a à retrancher un nombre quelconque, d'un autre qui est l'unité suivie d'autant de zéros qu'il y a de chiffres dans le premier; l'opération se réduit à écrire la différence entre 9 et chacun des chiffres du nombre proposé, à l'exception du dernier, pour lequel on écrit la différence entre 10 et ce chiffre. Par exemple, si j'ai 526927 à retrancher de 1000000, je retranche successivement les chiffres 5, 2, 6, 9, 2, de 9; et le dernier chiffre 7, je le retranche de 10, et j'ai 473073 pour reste.

Ce reste est ce qu'on appelle le *complément arithmétique* du nombre proposé.

La soustraction faite de cette manière, étant trop simple pour pouvoir être comptée pour une opération, il s'ensuit que lorsqu'on aura à former un résultat de l'addition et de la soustraction de plusieurs nombres, on pourra toujours réduire l'opération à l'addition. Par exemple, s'il s'agit d'ajouter les deux nombres 672736, 426452, et de retrancher de leur somme les deux nombres 432752, 18675, ce qui exige deux additions et une soustraction, je substitue à cette opération la suivante.

```
                                           672736
                                           426452
Complément arith. de 432752. . . . .       567248
Complément arith. de  18675. . . . .       981325
                          Somme. .        2647761
```

C'est-à-dire, que j'ajoute ensemble les deux premiers nombres proposés, et les complémens arithmétiques des deux derniers: la somme est 2647761. Il faut en supprimer le premier chiffre 2; et les chiffres restans 647761, sont le résultat cherché.

La raison de cette opération est facile à sentir ; en remarquant que, si au lieu de retrancher 432752, comme on le proposait, j'ajoute son complément arithmétique, c'est-à-dire, 1000000 moins 432752, je fais en même temps la soustraction proposée, et une augmentation de 1000000 ; c'est-à-dire, d'une dixaine au premier chiffre du résultat ; donc pour chaque complément arithmétique que j'aurai introduit, j'aurai une dixaine de trop à l'égard du premier chiffre du résultat.

L'application de ceci aux logarithmes est évidente.

Qu'il soit question, par exemple, de diviser 3760 par 79, il faudrait retrancher le logarithme de 79 de celui de 3760. Au lieu de cette opération, j'écris :

Logarithme 3760.	3,575188
Complément arith. du log. de 79. . . .	8,102373
Somme. . .	11,677561

Ainsi, 1,677561 est le logarithme du quotient, et répond à 47, 59, à moins d'un centième près.

Supposons, pour second exemple, qu'il soit question de multiplier $\frac{675}{527}$ par $\frac{952}{377}$, il faudrait (106) multiplier 675 par 952, et 527 par 377, puis diviser le premier produit par le second. Par logarithme, on opérera ainsi :

Logarithme 675.	2,829304
Logarithme 952.	2,978637
Complément arith. du log. de 527. . . .	7,278189
Complément arith. du log. de 377. . . .	7,423659
Somme. . .	20,509789

Le logarithme du produit est donc 0,509789, qui, cherché avec trois unités de plus à la caractéristique, répond à 3,234.

On peut faire usage du complément arithmétique, pour mettre les logarithmes des fractions sous la même forme que ceux des nombres entiers, et les employer de même dans le calcul ; par là on évitera la distinction des logarithmes négatifs, et des logarithmes positifs. Il suffira de se souvenir que la caractéristique du logarithme des fractions, proprement dites, est trop forte de 10 unités.

Par exemple, pour avoir le logarithme de $\frac{3}{4}$ qui n'est (96) autre chose que 3 divisé par 4, au lieu de retrancher le logarithme de 4, de celui de 3, c'est-à-dire, de retrancher le logarithme de 3 de celui de 4, et donner au reste le signe — (255) ; au logarithme de 3, j'ajoute le complément arithmétique du logarithme de 4 ;

Logarithme 3.	0,477121
Complément arith. du log. 4.	9,397940
Somme.	9,875061

Cette somme est le logarithme de $\frac{3}{4}$ dont la caractéristique est trop forte de 10 unités. Or, il n'est pas nécessaire de faire actuellement la diminution ; on peut la rejeter à la fin des opérations dans lesquelles on emploiera ce logarithme.

La même règle s'applique aux fractions décimales; ainsi pour avoir le logarithme de 0,575, qui n'est autre chose que $\frac{575}{1000}$; au logarithme de 575, j'ajouterais le complément arithmétique du logarithme de 1000.

En employant ainsi les complémens arithmétiques, au lieu des logarithmes négatifs des fractions, il n'est pas plus difficile de trouver, dans les tables, les valeurs en décimales de ces mêmes fractions. Dès que je saurai qu'un logarithme proposé est, ou renferme un ou plusieurs complémens arithmétiques, je sais que sa caractéristique est trop forte d'autant de dixaines qu'il y a de complémens arithmétiques; ainsi si elle passe ce nombre de dixaines, il sera facile de la diminuer, et de trouver le nombre auquel appartient ce logarithme, et qui sera un nombre entier, ou un nombre entier joint à une fraction.

Mais si la caractéristique est au-dessous du nombre de dixaines qu'elle est censée renfermer de trop, elle appartient certainement à une fraction que je trouverai en cette manière : je chercherai, par ce qui a été dit (240 *et suiv.*), à quel nombre répond le logarithme proposé; et lorsque je l'aurai trouvé, j'en séparerai, par une virgule, autant de dixaines de chiffres sur la droite, qu'il y aura de dixaines de trop dans la caractéristique.

Par exemple, si l'on me donnait 8,732235 pour le logarithme résultant d'une opération dans laquelle il est entré un complément arithmétique; je vois, puisque sa caractéristique est au-dessous d'une dixaine, qu'il appartient à une fraction. Je cherche d'abord (242) à quel nombre répond 8,732235, considéré comme logarithme du nombre entier; je trouve qu'il répond à 539802500; séparant dix chiffres, j'ai 0,0539802500 pour valeur très-rapprochée de la fraction qui répond au logarithme proposé.

Mais comme il est très-rarement nécessaire d'avoir ces fractions à un tel degré de précision, on abrégera en diminuant tout de suite la caractéristique du logarithme proposé, autant qu'il est nécessaire pour la faire tomber parmi celle des tables, et prenant seulement le nombre correspondant, on séparera autant de chiffres de moins que ne le prescrit la règle précédente, autant de moins, dis-je, qu'on aura ôté d'unités à la caractéristique. Ainsi, dans le cas présent, je diminuerai la caractéristique de 5 unités, et ayant trouvé que le nombre correspondant est 5398, j'en séparerais seulement cinq chiffres, et j'aurais 0,05398.

Dans les élévations aux puissances, il faudra observer, qu'en multipliant (229) le logarithme par le nombre qui marque le degré de la puissance, il se trouvera qu'on multipliera aussi ce dont la caractéristique se trouvera être trop forte. Ainsi, en élevant au cube, par exemple, s'il entre un complément arithmétique dans le logarithme proposé, c'est-à-dire, si la caractéristique est trop forte de 10 unités, celle du logarithme du cube sera trop forte de 30 unités, et ainsi des autres : il sera donc facile de la ramener à sa juste valeur.

Dans les extractions des racines, pour éviter toute méprise, lorsqu'il entrera des complémens arithmétiques dans les logarithmes dont on fera usage, on aura soin d'ajouter ou d'ôter à la caractéristique autant de dixaines qu'il est nécessaire, pour que ce dont elle sera trop forte soit précisément d'autant de dixaines qu'il y a d'unités dans le nombre qui marque le degré de la racine, et, ayant, conformément à la règle ordinaire, divisé par le nombre qui marque degré de la racine, la caractéristique sera trop forte précisément de 10 unités.

Par exemple, si on demande la racine cubique de $\frac{276}{547}$; au logarithme de 276, j'ajoute le complément arithmétique de celui de 547.

Log. 276. 2,440909
Complément arith. du log. de 547. 7,262013

Somme. 9,702922
A la caractéristique de laquelle j'ajoute. . . . 20

29,702922

afin qu'elle devienne trop forte de 3 dixaines, et j'ai 29,702922 dont le tiers 9,900974 est le logarithme de la racine cubique demandée, mais avec dix unités de trop à la caractéristique. Ainsi, conformément à ce qui a été observé ci-dessus, je trouve que cette racine cubique est 0,7961 à moins d'un dix-millième près.

L'usage des complémens arithmétiques est principalement utile dans les calculs de la trigonométrie, et par conséquent dans plusieurs des opérations du pilotage que l'on veut faire avec une certaine exactitude.

FIN DE L'ARITHMÉTIQUE DE BEZOUT.

L'ARITHMÉTIQUE

DE BEZOUT,

DÉMONTRÉE PLUS RIGOUREUSEMENT.

DÉFINITIONS.

1. On appelle *grandeur*, tout ce qui est susceptible d'augmenta-tion ou de diminution.

2. On appelle *nombre*, ce qui exprime combien de fois une grandeur en contient une autre qu'on appelle *unité*.

On donne aussi à l'unité le nom de *nombre*.

3. Un nombre est entier, lorsqu'il contient exactement une fois ou plusieurs fois l'unité.

4. Un nombre est fractionnaire, lorsqu'il contient exactement une fois ou plusieurs fois une des parties égales de l'unité ; un nom-bre fractionnaire s'appelle *fraction*.

5. Un nombre est incommensurable ou irrationnel, lorsque ce nombre ne peut être formé par la répétition de l'unité, ni par la répétition d'une des parties égales de l'unité, quelque grand que soit le nombre des parties de l'unité.

6. Un nombre est pair, quand il peut se partager en deux par-ties égales.

7. Un nombre est impair, quand il ne peut pas se partager en deux parties égales.

8. Un nombre est divisible par un autre, lorsque le second pris une fois ou plusieurs fois, est égal au premier.

Douze est divisible par trois, parce que trois pris quatre fois est égal à douze.

9. Un nombre est multiple d'un autre, lorsque le premier est divisible par le second.

10. Un nombre est partie aliquote d'un autre nombre, quand le second est divisible par le premier, l'unité est une partie aliquote de tout nombre entier.

11. Deux parties aliquotes sont semblables, lorsqu'elles sont contenues le même nombre de fois dans les nombres dont elles sont des parties aliquotes.

Deux et trois sont des parties aliquotes semblables des nombres dix et quinze, parce que deux est contenu autant de fois dans dix, que trois l'est dans quinze.

12. Un nombre est premier, quand il n'est divisible que par l'unité.

13. Des nombres sont premiers entre eux, quand ils n'ont pour commun diviseur que l'unité.

14. Un nombre n'est pas premier, quand il est divisible par un nombre plus grand que l'unité.

15. Des nombres ne sont pas premiers entre eux, quand ils ont un commun diviseur plus grand que l'unité.

16. Multiplier un nombre A par un nombre B, c'est répéter le nombre A, qu'on appelle multiplicande, autant de fois qu'il y a d'unités dans le nombre B, appelé multiplicateur; et si le nombre B est une fraction, c'est répéter autant de fois une des parties égales du nombre A que la fraction B contient de parties de l'unité, le nombre A étant partagé en autant de parties égales que l'unité; le nombre qui résulte de la multiplication s'appelle *produit*.

EXEMPLE.

Multiplier douze par trois quarts, c'est prendre trois fois; multiplier douze par trois quarts, c'est prendre trois fois la quatrième partie de douze.

17. Diviser un nombre A par un nombre B, c'est chercher combien de fois le nombre A, appelé dividende, contient le nombre B, appelé diviseur, lorsque le nombre B est une partie aliquote de A; et c'est chercher combien de fois le nombre A contient une partie aliquote du nombre B, lorsque le nombre B n'est pas une partie aliquote du nombre A, le nombre qui résulte de la division s'appelle *quotient*.

EXEMPLE.

Diviser douze par quatre, c'est chercher combien de fois douze contient quatre. Diviser douze par huit, c'est chercher combien de fois douze contient huit.

18. Le carré d'un nombre est le produit de ce nombre par lui-même.

Le carré de trois est neuf.

19. Le cube d'un nombre est le produit de ce nombre par ce carré.

Le cube de trois est vingt-sept.

20. La racine carrée d'un nombre A est un nombre B dont le carré est égal à A.

21. La racine cubique d'un nombre A est un nombre B, dont le cube est égal à A.

AXIÔMES.

22. Si à des nombres égaux on ajoute des nombres égaux, les sommes sont égales.

23. Si des nombres égaux on retranche des nombres égaux, les restes sont égaux.

24. Si l'on multiplie des nombres égaux par le même nombre, les produits sont égaux.

25. Si l'on divise des nombres égaux par le même nombre, les quotiens sont égaux.

26. Si des nombres sont égaux, leurs carrés sont égaux.

27. Si des nombres sont égaux, leurs cubes sont égaux.

28. Si des nombres sont égaux, leurs racines carrées sont égales.

29. Si des nombres sont égaux, leurs racines cubiques sont égales.

30. Si un nombre en divise un autre, il divise aussi tous ses multiples.

31. Si un nombre divise toutes les parties d'un autre nombre, il divise aussi cet autre nombre.

32. Si un nombre en divise un autre et une de ses parties, il divise aussi l'autre partie.

De la Numération.

33. Pour représenter tous les nombres possibles, on a imaginé d'abord les noms suivans qui, a partir de l'unité, vont en augmentant d'une unité : un, deux, trois, quatre, cinq, six, sept, huit, neuf, dix ou une dixaine.

On a imaginé les noms suivans :

Cent ou centaine, mille, million, billion, trillion, etc.

Cent ou centaine, vaut dix dixaines.

Mille, vaut dix centaines.

Un million, vaut dix centaines de mille.

Un billion, vaut dix centaines de million.

Un trillion, vaut dix centaines de billion, etc.

34. *Avec cette quantité limitée de noms, on peut représenter tous les nombres possibles à partir de l'unité.*

Cela paraîtra évident, si l'on fait attention que les nombres suivans, qui vont en augmentant d'une seule unité jusqu'à l'infini, ne sont représentés que par cette quantité limitée de noms,

| Un, | Deux, | Trois, | Quatre, | Cinq, |
| Six, | Sept, | Huit, | Neuf, | Dix, ou une dixaine. |

Une dixaine un, *ou bien*. . . . onze.
Une dixaine deux. . . . . douze.
Une dixaine trois. . . . . treize.
Une dixaine quatre. . . . . quatorze.
Une dixaine cinq. . . . . quinze.
Une dixaine six. . . , . . seize.
Une dixaine sept. . . . . dix-sept.

Une dixaine huit, *ou bien*.	dix-huit.
Une dixaine neuf	dix-neuf.
Deux dixaines.	vingt.
Deux dixaines un.	vingt-un.
Deux dixaines deux.	vingt-deux.
Deux dixaines trois.	vingt-trois.
Deux dixaines quatre.	vingt-quatre.
Deux dixaines cinq.	vingt-cinq.
Deux dixaines six.	vingt-six.
Deux dixaines sept.	vingt-sept.
Deux dixaines huit.	vingt-huit.
Deux dixaines neuf.	vingt-neuf.
Trois dixaines.	trente.
Trois dixaines un.	trente-un.
Trois dixaines deux.	trente-deux.
Trois dixaines trois.	trente-trois.
Trois dixaines quatre.	trente-quatre.
Trois dixaines cinq.	trente-cinq.
Trois dixaines six.	trente-six.
Trois dixaines sept.	trente-sept.
Trois dixaines huit.	trente-huit.
Trois dixaines neuf.	trente-neuf.
Quatre dixaines.	quarante.
Quatre dixaines un.	quarante-un.
Quatre dixaines deux.	quarante deux.
Quatre dixaines trois.	quarante-trois.
Quatre dixaines quatre.	quarante-quatre.
Quatre dixaines cinq.	quarante-cinq.
Quatre dixaines six.	quarante-six.
Quatre dixaines sept.	quarante-sept.
Quatre dixaines huit.	quarante-huit.
Quatre dixaines neuf.	quarante-neuf.
Cinq dixaines.	cinquante.
Cinq dixaines un.	cinquante-un.
Cinq dixaines deux.	cinquante-deux.
Cinq dixaines trois.	cinquante-trois.
Cinq dixaines quatre.	cinquante quatre.
Cinq dixaines cinq.	cinquante-cinq.
Cinq dixaines six.	cinquante-six.
Cinq dixaines sept.	cinquante-sept.
Cinq dixaines huit.	cinquante-huit.
Cinq dixaines neuf.	cinquante-neuf.
Six dixaines.	soixante.
Six dixaines un.	soixante-un.
Six dixaines deux.	soixante-deux.
Six dixaines trois.	soixante-trois.
Six dixaines quatre.	soixante-quatre.

Six dixaines cinq, *ou bien*.	soixante-cinq.
Six dixaines six.	soixante-six.
Six dixaines sept.	soixante-sept.
Six dixaines huit.	soixante-huit.
Six dixaines neuf.	soixante-neuf.
Sept dixaines..	soixante-dix.
Sept dixaines un.	soixante-onze.
Sept dixaines deux.	soixante-douze.
Sept dixaines trois.	soixante-treize.
Sept dixaines quatre.	soixante-quatorze.
Sept dixaines cinq.	soixante-quinze.
Sept dixaines six.	soixante-seize.
Sept dixaines sept.	soixante-dix-sept.
Sept dixaines huit.	soixante-dix-huit.
Sept dixaines neuf.	soixante-dix-neuf.
Huit dixaines.	quatre-vingt.
Huit dixaines un.	quatre-vingt-un.
Huit dixaines deux.	quatre-vingt-deux.
Huit dixaines trois.	quatre-vingt-trois.
Huit dixaines quatre.	quatre-vingt-quatre.
Huit dixaines cinq.	quatre-vingt-cinq.
Huit dixaines six.	quatre-vingt-six.
Huit dixaines sept.	quatre-vingt-sept.
Huit dixaines huit.	quatre-vingt-huit.
Huit dixaines neuf.	quatre-vingt-neuf.
Neuf dixaines.	quatre-vingt-dix.
Neuf dixaines un.	quatre-vingt-onze.
Neuf dixaines deux.	quatre-vingt-douze.
Neuf dixaines trois.	quatre-vingt-treize.
Neuf dixaines quatre.	quatre-vingt-quatorze.
Neuf dixaines cinq.	quatre-vingt-quinze.
Neuf dixaines six.	quatre-vingt-seize.
Neuf dixaines sept.	quatre-vingt-dix-sept.
Neuf dixaines huit.	quatre-vingt-dix-huit.
Neuf dixaines neuf.	quatre-vingt-dix-neuf.
Dix dixaines.	cent.

Cent un.	Six cent un, etc.
Cent deux.	Sept cents.
Cent trois, etc.	Sept cent un, etc.
Deux cents.	Huit cents.
Deux cent un, etc.	Huit cent un, etc.
Trois cents.	Neuf cents.
Trois cent un, etc.	Neuf cent un, etc.
Quatre cents.	Dix centaines ou mille.
Quatre cent un, etc.	Mille un, etc.
Cinq cents.	Deux mille.
Cinq cent un, etc.	Deux mille un, etc.
Six cents.	Trois mille.

Trois mille un, et ainsi de suite, jusqu'à dix centaines de mille, c'est-à-dire, jusqu'à un million.

Un million un, ainsi de suite jusqu'à dix centaines de millions, c'est-à-dire jusqu'à un billion.

Un billion un, et ainsi de suite jusqu'à dix centaines de billions, c'est-à-dire jusqu'à un trillion.

En continuant ainsi, il est évident qu'on parviendrait à représenter tous les nombres possibles à partir de l'unité.

35. On peut représenter plus simplement tous les nombres possibles avec les dix caractères suivans, qu'on appelle chiffres : 1, 2, 3, 4, 5, 6, 7, 8, 9, 0. Le premier vaut un; le second, deux; le troisième, trois; le quatrième, quatre; le cinquième, cinq; le sixième, six; le septième, sept; le huitième, huit; le neuvième, neuf; le dixième, qu'on appelle zéro, ne représente aucun nombre.

36. Pour représenter tous les nombres possibles avec ces dix caractères, on est convenu qu'en allant de droite à gauche, le premier chiffre représenterait des unités, le second des dixaines, et le troisième des centaines, que le quatrième représenterait des mille, le cinquième des dixaines de mille, et le sixième des centaines de mille; que le septième représenterait des millions, le huitième des dixaines de millions, et le neuvième des centaines de millions; que le dixième représenterait des billions, etc.

Il suit de là, que si en allant de droite à gauche, on partage par une virgule un nombre en tranche de trois chiffres, la première tranche représente des unités, la seconde des mille, la troisième des millions, etc. La dernière tranche à gauche peut ne renfermer que deux et même qu'un seul chiffre.

Le caractère 0 se met à la place des unités, des dixaines, des centaines qui manquent dans un nombre.

37. Pour énoncer un nombre, il faut énoncer chaque tranche, comme si elle était seule, et prononcer le nom de chaque tranche.

LEMME I.

38. *Si le nombre* A *est dix fois plus grand que le nombre* B, *et le nombre* B *dix fois plus grand que le nombre* C, *le nombre* A *sera cent fois plus grand que le nombre* C.

En effet, puisque B est égal à 10 C, et que A est égal à 10 B, il est évident que A vaut 10 dix fois C, c'est-à-dire, 100 C. Donc A est cent fois plus grand que C. Donc, etc.

LEMME II.

39. *Si le nombre* A *est dix fois plus grand que* B, *et* B *cent fois plus grand que* C, *le nombre* A *est dix fois plus grand que le nombre* C.

En effet, puisque B est égal à 100 C, et que A est égal à 10 B, il est évident que A vaut dix fois 100 C, c'est-à-dire, 1000 C. Donc A est mille fois plus grand que C. Donc, etc.

9

On démontrerait de la même manière que *A* serait dix mille fois plus grand que *C*, si *A* était dix fois plus grand que *B*, et *B* mille fois plus grand que *C*, et ainsi de suite.

40. *Si l'on place à la suite d'un nombre, un, deux, trois, zéro, etc., on rend ce nombre dix fois, cent fois, mille fois, etc., plus grand.*

Soit le nombre 6542, je dis 1° que 65420 est dix fois plus grand que 6542.

En effet, puisqu'en plaçant le zéro à la suite de 6542, les unités deviennent des dixaines, les dixaines des centaines, les centaines des mille, les mille des dixaines de mille, etc., il est évident que ce nombre devient dix fois plus grand ; donc le nombre 65420 est dix fois plus grand que 6542 ; donc en plaçant un zéro à la suite d'un nombre, on le rend dix fois plus grand.

Je dis, 2° que 654200 est cent fois plus grand que 6542.

En effet, puisque 654200 est dix fois plus grand que 65420, et que 65420 est dix fois plus grand que 6542, il est évident que 654200 est cent fois plus grand que 6542 (38) ; donc en plaçant deux zéros à la suite d'un nombre, on le rend cent fois plus grand.

Je dis, 3° que 6542000 est mille fois plus grand que 6542.

En effet, puisque 6542000 est dix fois plus grand que 654200, et que 654200 est cent fois plus grand que 6542, il est évident que 6542000 est mille fois plus grand que 6542 (39) ; donc en plaçant trois zéros à la suite d'un nombre, on le rend mille fois plus grand.

On démontrerait de la même manière qu'en plaçant quatre zéros, cinq zéros, etc., à la suite d'un nombre, on le rend dix mille fois, cent mille fois plus grand. Donc, etc.

COROLLAIRE.

Il suit évidemment de cette proposition que l'on rendra un nombre suivi de zéros, dix fois, cent fois, mille fois, etc., plus petit, si l'on retranche un zéro, deux zéros, trois zéros, etc.

Des nombres décimaux.

41. Les nombres décimaux sont des fractions de dix en dix fois plus petites que l'unité.

42. On représente les nombres décimaux par des chiffres placés à la droite des unités, et séparés des unités par une virgule ; le premier chiffre après la virgule représente des dixièmes, le second des centièmes, le troisième des millièmes, etc.

On met un zéro devant la virgule, lorsque le nombre décimal n'est pas précédé d'un nombre entier.

43. Pour énoncer 53,2357, on dit cinquante-trois unités, deux dixièmes, trois centièmes, cinq millièmes, sept dix-millièmes.

On peut annoncer un nombre décimal comme un nombre entier, et ajoutant à la fin le nom des unités de la dernière décimale, c'est-à-dire, qu'on peut énoncer 53,2357 de la manière suivante cinquante-trois unités deux mille trois cent cinquante-sept dix-millièmes.

En effet, puisqu'un millième vaut dix millièmes, et qu'un centième vaut 10 millièmes, un centième vaudra 100 dix-millièmes; mais un dixième vaut 10 centièmes, donc un dixième vaut 1000 dix-millièmes.

Cela posé, puisqu'un dixième vaut 1000 dix-millièmes, il est évident que deux dixièmes valent 2000 dix-millièmes.

Puisqu'un centième vaut 100 dix-millièmes, il est évident que 3 centièmes valent 300 dix-millièmes.

Puisqu'un millième vaut 10 dix-millièmes, il est évident que 5 millièmes valent 50 dix-millièmes.

Donc 2 dixièmes, 3 centièmes, 5 millièmes et 7 dix-millièmes, valent 2357 dix-millièmes. Donc, etc.

44. *On rend un nombre décimal dix fois, cent fois, mille fois plus grand, etc., en reculant la virgule d'un rang, de deux, de trois rangs vers la droite.*

Cette proposition se démontre absolument de la même manière que la proposition 40.

COROLLAIRE.

Il suit de cette proposition que l'on rend un nombre décimal dix fois, cent fois plus petit, etc., en reculant la virgule d'un rang, de deux rangs, de trois rangs vers la gauche, et que l'on rend un nombre entier dix fois, cent fois plus petit, en séparant une, deux, trois, etc., décimales par une virgule.

Signes abréviatifs.

45. Le signe + marque l'addition, et se prononce *plus.*
Au lieu d'écrire 5 plus 4, on écrit 5 + 4.
Le signe — indique la soustraction, et se prononce *moins.*
Au lieu d'écrire 5 moins 3, on écrit 5 — 3.
Le signe × marque la multiplicande, et se prononce *multiplié par* ou *multipliant.*
Au lieu d'écrire 5 multiplié par 3, ou 5 multipliant 3, on écrit 5 × 3. Lorsque les nombres sont représentés chacun par une seule lettre, au lieu d'écrire $a \times b$, on écrit aussi ab, et lorsque la somme de plusieurs nombres doit être multipliée par un seul nombre ou par la somme de plusieurs nombres, on met le multiplicande et le multiplicateur chacun entre deux crochets.

Ainsi, pour marquer la multiplication de 6 + 5 par 7 + 9, ou écrit (6+5) (7+9).

Le signe — placé entre deux nombres écrits l'un au-dessous de l'autre, marque la division et se prononce *divisé par* ou *divisant.*

Au lieu d'écrire 12 divisé par 4, ou 4 divisant douze, on écrit $\frac{12}{4}$.

Pour marquer qu'un nombre doit être élevé au carré, au cube, on écrit 2 ou 3 au-dessus de ce nombre, à l'extrémité d'une ligne placée au-dessus de ce nombre; ou bien l'on met ce nombre entre deux crochets, on écrit 2 ou 3 au-dessus de ce nombre vers sa droite.

Au lieu d'écrire le carré de 12, on écrit $\overline{12}^2$ ou $(12)^2$.

Au lieu d'écrire le cube de 12, on écrit $\overline{12}^3$ ou $(12)^3$.

Le signe $\sqrt[2]{}$ ou $\sqrt{}$ marque l'extraction de la racine carrée, et se prononce *la racine de*.

Au lieu d'écrire la racine carrée de 9, on écrit $\sqrt[2]{9}$ ou $\sqrt{9}$.

Le signe $\sqrt[3]{}$ marque l'extraction de la racine cubique, et se prononce *la racine cubique de*.

Au lieu d'écrire la racine cubique de 8, on écrit $\sqrt[3]{8}$.

Le signe $>$ marque que le nombre placé à gauche est plus grand que le nombre placé à droite, et se prononce *est plus grand que*.

Au lieu d'écrire 7 est plus grand que 5, on écrit $7 > 5$.

Le signe $>$ marque que le nombre placé à gauche est plus petit que le nombre placé à droite, et se prononce *est plus petit que*.

Au lieu d'écrire 5 est plus petit que 7 ' on écrit $5 < 7$.

Le signe $=$ marque que le nombre placé à gauche est égal au nombre placé à droite, et se prononce *est égal à*.

Au lieu d'écrire $5 + 7$ est égal à $8 + 4$, on écrit $5 + 7 = 8 + 4$. (L. 31 — 77).

Des Fractions.

46. On représente une fraction par deux nombres que l'on écrit l'un au-dessous de l'autre, et que l'on sépare par un trait ; le nombre inférieur se nomme dénominateur, et marque en combien de parties égalent l'unité et partagée ; et le nombre supérieur se nomme numérateur, et marque combien l'on prend de parties de l'unité.

47. Pour énoncer une fraction, on énonce d'abord le nombre supérieur, ensuite le nombre inférieur, et l'on ajoute au nom de celui-ci la terminaison en *ième*.

Pour énoncer $\frac{5}{7}$, on dit cinq septièmes : on excepte de cette règle les fractions qui ont 2, 3, 4 pour dénominateurs ; on dit un demi, deux tiers, trois quarts.

48. *Un reste de division est le numérateur d'une fraction dont le dénominateur est le diviseur.*

Que 4 soit le reste d'une division, dont 7 est le diviseur, je dis que le septième de 4 est égal à 4 septièmes.

En effet, puisque le septième d'une unité est égal à un septième, le septième de 4 unités est évidemment égal à quatre septièmes. Donc 4, divisé par 7 est égal à 4 septièmes.

49. *Extraire les entiers que renferme une fraction.*

Soit la fraction $\frac{59}{7}$, il faut extraire les entiers renfermés dans cette fraction.

Divisons le numérateur par le dénominateur, le quotient 5 indiquera les entiers renfermés dans $\frac{39}{7}$, et le reste 4 sera le numérateur de la fraction qui accompagne les 5 entiers.

En effet puisque l'unité vaut $\frac{7}{7}$, la fraction $\frac{39}{7}$ contiendra autant d'unités que 39 contient 7; mais 39 contient 7 cinq fois et 4 septièmes; donc $\frac{39}{7} = 5 + \frac{4}{7}$.

Donc pour extraire les entiers renfermés dans une fraction, il faut diviser le numérateur par le dénominateur, le quotient indiquera les entiers, et le reste sera le numérateur qui accompagne les entiers.

50. *Réduire un entier en fraction.*

Soit 7 à réduire en cinquième, je multiplie 5 par 7, et au-dessous du produit 35 j'écris le nombre 5; la fraction $\frac{35}{5}$ sera égale à 7 réduit en cinquièmes.

En effet, puisque l'unité vaut 5 cinquièmes, il est évident que 7 unités vaudront 7 fois cinq cinquièmes, c'est-à-dire, trente-cinq cinquièmes.

Donc pour réduire un entier en fraction, il faut multiplier le dénominateur qu'on veut lui donner par l'entier, et écrire au-dessous du produit le dénominateur qu'on veut lui donner.

51. *On ne change pas la valeur d'une fraction quand on divise ses deux termes par le même nombre.*

Soit la fraction $\frac{6}{10}$; qu'on divise ses deux termes par deux; je dis qu'on ne changera pas sa valeur.

En effet, en divisant 10 par 2, on rend les parties de l'unité deux fois plus grandes; mais en divisant 6 par 2, on rend le numérateur deux fois plus petit, donc on ne change pas la valeur de la fraction $\frac{6}{10}$ en divisant ses deux termes par 2, puisque, quand les parties de l'unité deviennent deux fois plus grandes, on en prend deux fois moins.

52. *Deux nombres inégaux étant donnés, trouver leur plus grand commun diviseur.*

Soient les deux nombres 9024, 3760, il faut trouver leur plus grand commun diviseur,

Je divise 9024 par 3760; je trouve 2 pour quotient, et 1504 pour premier reste.

Je divise 3760 par le premier reste; je trouve 2 pour quotient, et 752 pour second reste.

Je divise le premier reste 1504 par le second reste 752, et je trouve 2 pour quotient sans reste.

Puisque le dividende est égal au produit du diviseur par le quotient, nous aurons : $9024 = 3760 \times 2 + 1504$, $3760 = 1504 \times 2 + 752$, $1504 = 752 \times 2$.

Je dis, 1°. que 752 est commun diviseur de 9024 et de 3760.

En effet, puisque 752 divise 1504, 752 divise 1504×2 (30); mais 752 divise 752; donc 752 divise 3760 (31); donc 752 divise 3760×2 (30); mais 752 divise 1504, donc 752 divise 9024 (31); donc 752 est commun diviseur de 9024 et 3760.

Je dis, 2°. que 752 est le plus grand commun diviseur de 9024 et 3760.

Que cela ne soit point, et que P, plus grand que 752, soit diviseur commun de 9024 et de 3760.

Puisque P divise 3760, P divise 3760 $\times$ 2 (30); mais P divise 9024; donc P divise 1504 (32), puisque P divise 1504. P divise 1504 $\times$ 2 (30), mais P divise 3760; donc P divise 752 (32), c'est-à-dire, que P, plus grand que 752, est contenu une ou plusieurs fois dans 752, ce qui est absurde; donc un nombre plus grand que 752 ne saurait être commun diviseur de 9024 et de 3760.

Donc 752 est leur plus grand commun diviseur.

COROLLAIRE I.

Il suit de là que pour trouver le plus grand commun diviseur de deux nombres, il faut diviser le plus grand par le plus petit; le plus petit par le premier reste, le premier reste par le second, et ainsi de suite, jusqu'à ce que l'on trouve un reste qui divise le reste précédent, ce dernier reste sera le plus grand commun diviseur de ces deux nombres.

COROLLAIRE II.

Si le reste qui divise le reste précédent sans le reste, était l'unité, les deux nombres n'auraient de commun diviseur que l'unité.

543. *Réduire une fraction à sa plus simple expression sans changer sa valeur.*

Cherchez le plus grand commun diviseur des deux termes de la fraction proposée; divisez ces deux termes par leur plus grand commun diviseur; la fraction sera réduite à sa plus simple expression sans avoir changé de valeur (51).

54. *Tout nombre terminé par un chiffre pair ou par zéro est divisible par deux.*

55. *Tout nombre terminé par 5 est divisible par 5.*

56. *Tout nombre terminé par zéro est divisible par 5 et par 10.*

COROLLAIRE.

Il suit de là, 1°. que les deux termes d'une fraction sont divisibles par deux, lorsque ces deux termes sont terminés par des chiffres pairs ou par des zéros, ou bien lorsque l'un des termes est terminé par un chiffre pair et l'autre par zéro.

2°. Que les deux termes d'une fraction sont divisibles par 5, lorsque ces deux termes sont terminés par 5 ou par zéro, ou lorsque l'un est terminé par 5 et l'autre par zéro.

3°. Que les deux termes d'une fraction sont divisibles par 10, lorsque ces deux termes sont terminés par zéro.

57. *On peut diviser par 9 ou par 3 tout nombre dont la somme des chiffres est divisible par 9 ou par 3.*

Suit le nombre 18765, je dis que si la somme des chiffres de ce nombre est divisible par 9 par 3 , ce même nombre est divisible par 9 ou par 3.

En effet , on a $18765 = 10000 + 8000 + 700 + 60 + 5$; mais $10000 = 9999 + 1$, $8000 = 1000 \times 8 = (999 + 1)$ $8 = 999 \times 8 + 8$, $700 = 100 + 7 = (90 \times 1)$ $7 = 99 \times 7 + 7$, $60 = 10 \times 6 = (9 + 1)$ $6 = 9 \times 6 + 6$, donc $18765 = 9999 + 1 + 999 \times 8 + 8 + 99 \times 7 + 7 + 9 \times 6 + 6 + 5$; mais les nombres 9898, 999×8, 99×7, 9×6 , sont chacun divisibles par 9 et par 3 (30) ; donc leur somme est indivisible par 9 et par 3 (31), il est donc évident que la somme des nombres 9999, $999 + 4$, 99×7, 9×6, 1 , 8 , 7 , 6 , 5 , c'est-à-dire , le nombre 18765 est divisible par 9 ou par 3, si la somme des nombres 1, 8, 7, 6, 5, est divisible par 9 ou par 3 (31).

COROLLAIRE.

Il suit de là que les deux termes d'une fraction sont divisibles par 9 ou par 3, lorsque la somme des chiffres du numérateur et la somme des chiffres du dénominateur sont chacune divisible par 9 ou par 3.

58. *Deux facteurs* A *et* B *peuvent recevoir deux arrangemens différens.*

Car on peut décrire $A \times B$ et $B A$.

59. *Trois facteurs* A , B , C , *peuvent recevoir six arrangemens différens.*

Car chaque facteur étant le dernier , les deux autres peuvent recevoir deux arrangemens différens. On aura donc trois fois deux arrangemens différens , c'est-à-dire , six arrangemens différens.

60. *Quatre facteurs* A , B , C , D , *peuvent recevoir vingt-quatre arrangemens différens.*

Car chaque facteur étant le dernier , les trois autres recevront six arrangemens différens ; on aura donc quatre fois six arrangemens différens ; c'est-à-dire , vingt-quatre arrangemens différens.

Par le même raisonnement on prouverait que 5 , 6 , etc. , facteurs peuvent recevoir 120, 720, etc., arrangemens différens.

61. *Le produit de deux nombres est toujours le même , quel que soit celui des deux qu'on prenne pour multiplicande.*

Soient les nombres 5 , 5 ; je dis que le produit de 3 par 5 est le même que le produit de 5 par 3.

Que cinq rangées de trois points chacune soient placées les unes au-dessous des autres.

$$A \quad . \quad . \quad . \quad B$$
$$. \quad . \quad .$$
$$. \quad . \quad .$$
$$. \quad . \quad .$$
$$C \quad . \quad . \quad . \quad D$$

Il est évident , 1° que le nombre des points contenus dans les cinq rangées sera égal à la rangée $A B$, répétée cinq fois , c'est-à-dire , au produit de 3 par 5.

Il est évident, 2° que le nombre des points contenus dans les cinq rangées est encore égal à la rangée *AC*, répétée trois fois, c'est-à-dire, au produit de 5 par 3 ; donc le produit 3 par 5 est égal au produit de 5 par 3. Donc, etc.

62. *Le produit des trois nombres est toujours le même, quel que soit celui des trois qu'on prenne pour multiplicande, et quel que soit celui des deux autres qu'on prenne pour premier multiplicateur.*

Soient les trois nombres 2, 3, 4 ; je dis que le produit de ces trois nombres est toujours le même, quel que soit celui qu'on prenne pour multiplicande, et quel que soit celui des deux autres qu'on prenne pour premier multiplicateur (*).

Que deux rangées *AB*, *DC*, de trois points chacune soient placées à côté l'une de l'autre, et que ces deux rangées soient répétées quatre fois comme on le voit dans la figure *AG*.

Il est évident, 1° qu'on aura tous les points contenus dans la figure *AG*, si l'on multiplie par 4 les points contenus dans la face *ABCD* ; c'est-à-dire, si l'on multiplie par 4 le produit de 2 par 3. Donc le nombre des points contenus dans la figure *AG* est égal à $2 \times 3 \times 4$.

Il est évident, 2° qu'on aura tous les points contenus dans la figure *AG*, si l'on multiplie par 3 les points contenus dans la face *BFGC* ; c'est-à-dire, si l'on multiplie par 3 le produit de 2 par 4. Donc le nombre des points contenus dans la figure *AG* est égal à $2 \times 4 \times 3$.

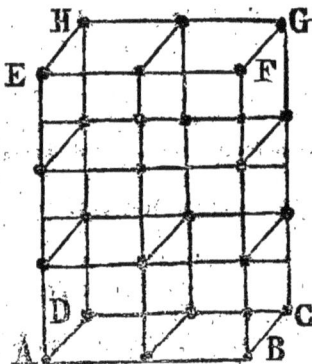

Il est évident, 3° qu'on aura tous les points contenus dans la figure *AG*, si l'on multiplie tous les points contenus dans la face

___

(*) Lorsqu'on a plusieurs nombres séparés par le signe +, le premier vers la gauche s'appelle multiplicande ; le second, le premier multiplicateur ; le troisième, le second multiplicateur, etc. Ainsi si l'on avait $2 \times 3 \times 4$, etc., il faudrait dire 2 multiplié par 3, multiplié par 4, etc.

AEFB, c'est-à-dire, si l'on multiplie par 2 le produit de 3 par 4. Donc le nombre des points contenus dans la figure *AG*, est égal à $3\times4\times2$. Donc les trois produits $2\times3\times4$, $2\times4\times3$, $3\times4\times2$, sont égaux entre eux., puisque chacun de ces produits est égal au nombre des points contenus dans la figure *AG*. Mais chacun de ces produits est toujours le même; quel que soit celui des deux premiers facteurs qu'on prenne pour multiplicande (61); donc le produit des trois nombres 2, 3, 4, est toujours le même, quel que soit celui de ces trois nombres qu'on prenne pour multiplicande, et quel que soit celui des deux restans qu'on prenne pour premier multiplicateur.

63. *Le produit de quatre nombre est toujours le même quel que soit celui des quatre qu'on prenne pour multiplicande, quel que soit des trois restans qu'on prenne pour multiplicateur, et quel que soit celui des deux restans qu'on prenne pour second multiplicateur* (*).

Soient les nombres 2, 3, 4, 5; je dis que le produit de ces quatre nombres est toujours le même, quelque soit celui des quatre qu'on prenne pour multiplicande, quel que soit celui des trois restans qu'on prenne pour premier multiplicateur, et enfin quel que soit celui des deux autres restans qu'on prenne pour second multiplicateur.

Il est évident, 1° qu'on aura tous les points contenus dans la figure *AG*, répétée cinq fois, si l'on multiplie par 5 le nombre des points contenus dans cette figure, c'est-à-dire, si l'on multiplie par 5 le produit de 2 par 3 et par 4. Donc le nombre des points contenus dans la figure *AG*, répétée cinq fois est égal à $2\times3\times4\times5$.

Il est évident, 2° qu'on aura tous les points contenus dans la

---

(*) On pourrait démontrer cette proposition plus brièvement que je ne le fais.

Soient $2\times3\times4\times5$; je dis qu'on aura $2\times3\times4\times5=2\times3\times5\times4=4\times5\times3\times2$.

En effet, puisque $6\times4\times5=6\times5\times4$ (62), il est évident que $6\times4\times5=2\times3\times4\times5=2\times5\times4$.

Puisque $8\times3\times5=8\times5\times3$ (62), il est évident que $8\times3\times5=2\times4\times5\times3$.

Puisque $12\times2\times5=12\times5\times2$ (62), il est évident que $12\times2\times5=3\times4\times5\times2$. Mais $6\times4\times5=8\times3\times5=12\times2\times5$ (62); donc les quatre produits $2\times3\times4\times5$, $2\times3\times5\times4$, $5\times4\times2\times3$, $5\times4\times3\times2$, sont égaux entre eux. Mais chaque facteur étant le dernier, les trois autres peuvent recevoir six combinaisons différentes (60); donc ces quatre facteurs peuvent recevoir vingt-quatre combinaisons, c'est-à-dire, toutes les combinaisons possibles, sans que le produit cesse d'être le même. Donc, etc.

figure AG, répétée cinq fois, si l'on multiplie par 4 le nombre des points contenus dans la face AG, répétée cinq fois, c'est-à-dire, si l'on multiplie par 4 le produit de 2 par 2 et par 5, donc le nombre des points contenus dans la figure AG, répétée cinq fois, est égal à $2 \times 3 \times 5 \times 4$.

Il est évident, 3° qu'on aura tous les points contenus dans la figure BG, répétée cinq fois, si l'on multiplie par 3 le nombre des points contenus dans la face BG, répétée cinq fois, c'est-à-dire, si l'on multiplie par 3 le produit de 2 par 4 et par 5, donc le nombre des points contenus dans la figure AG, répétée cinq fois, est égal à $2 \times 4 \times 5 \times 3$.

Il est évident, 4° qu'on aura tous les points contenus dans la figure AG, répétée cinq fois, si l'on multiplie par 2 la face EB, répétée cinq fois; c'est-à-dire, si l'on multiplie par 2 le produit de 3 par 4 et par 5, dans le nombre des points contenus dans la figure AG, répétée cinq fois, est égal à $3 \times 4 \times 5 \times 2$.

Puisque les produits $2 \times 3 \times 4 \times 5$, $2 \times 3 \times 5 \times 4$, $2 \times 4 \times 5 \times 3$, $3 \times 4 \times 5 \times 2$, sont égaux chacun au nombre des points contenus dans la figure AG, répétée cinq fois, il est évident que ces quatre produits sont égaux entre eux. Mais chacun de ces produits est toujours le même, quelque soit celui des trois premiers facteurs qu'on prenne pour multiplicande, et quelque soit celui des trois premiers restans qu'on prenne pour premier multiplicateur; donc le produit des quatre nombre 2, 3, 4, 5 est toujours le même, quel que soit celui des trois restans qu'on prenne pour premier multiplicateur, et quel que soit celui des deux restans qu'on prenne pour le second multiplicateur.

64. *Le produit de cinq nombres est toujours le même, quel que soit celui des cinq qu'on prenne pour multiplicande; quel que soit celui des quatre restans qu'on prenne pour premier multiplicateur; quel que soit celui des trois restans qu'on prenne pour second multiplicateur, et quel que soit celui des deux restans qu'on prenne pour troisième multiplicateur* (*).

Soient les cinq nombres, 2, 3, 4, 5, 6; je dis que le produit de ces cinq nombres est toujours le même, etc.

_____

(*) Cette proposition peut se démontrer comme dans la note de la proposition précédente.

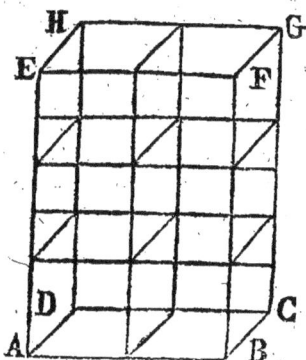

Puisque le nombre des points contenus dans la figure AG, répétée cinq fois, est égal à $2\times3\times4\times5$, il est évident, 1° que si l'on multiplie par 2 le nombre des points contenus dans la figure AG, répétée cinq fois, l'on aura le nombre des points contenus dans la figure AG, répétée trente fois, donc le nombre des points contenus dans la figure AG, répétée trente fois est égal à $2\times3\times4\times5\times6$.

Il est évident, 2° que le nombre des points contenus dans la figure AG, multiplié par 5 et ensuite par 6, est égal au nombre des points de la figure AG, multiplié par 6 et ensuite par 5, parce que le produit de 5 par 6 est égal au produit de 6 par 5. Donc le nombre des points contenus dans la figure AG, répétée trente fois, est égal à $2\times3\times4\times6\times5$.

Il est évident, 3° que l'on aura le nombre des points contenus dans la figure AG, répétée trente fois, si l'on multiplie par 4 le nombre des points contenus dans la face $ABCD$, répétée trente fois; c'est-à-dire, si l'on multiplie par 4 le nombre $2\times3\times5\times6$; donc le nombre des points contenus dans la figure AG, répétée trente fois, est égal à $2\times3\times5\times6\times4$.

Il est évident, 4° que l'on aura le nombre des points contenus dans la figure AG, répétée trente fois, si l'on multiplie par 3 le nombre des points contenus dans la face BG, répétée trente fois, c'est-à-dire si l'on multiplie par 3 le nombre $2\times4\times5\times6$. Donc le nombre des points contenus dans la figure AG, répétée trente fois, est égal à $2\times4\times5\times6\times3$.

Il est évident, 5° que l'on aura le nombre des points contenus dans la figure AG, répétée trente fois, si l'on multiplie par 2 le nombre des points contenus dans la face $AEFB$, répétée trente fois, c'est-à-dire, si l'on multiplie par 2 le nombre $3\times4\times5\times6$; donc le nombre des points contenus dans trente fois la figure AG, est égal au nombre $3\times4\times5\times6\times2$.

Puisque les produits $2\times3\times4\times5\times6$, $2\times3\times4\times6\times5$, $2\times3\times5\times6\times4$, $2\times4\times5\times6\times3$, $3\times4\times5\times6\times2$, sont égaux chacun au nombre des points contenus dans la figure AG, répétée trente fois, il est évident que ces cinq produits sont égaux entre eux ; mais chacun de ces produits est toujours le même, quel que soit celui des quatre premiers facteurs qu'on prenne pour multiplicande, quel que soit celui des trois premiers facteurs restans, qu'on prenne pour premier multiplicateur, et quel que soit celui des deux premiers facteurs restans, qu'on prenne pour second multiplicateur.

Donc le produit des cinq nombres 2, 3, 4, 5, 6, quelque soit celui des cinq nombres qu'on prenne pour multiplicande, quel que soit celui des quatre nombres restans, qu'on prenne pour premier multiplicateur, sera toujours le même.

65. *Le produit de tant de nombre qu'on voudra est toujours le même, quel que soit celui qu'on prenne pour multiplicande, quel que soit celui qu'on prenne pour premier multiplicateur, etc.*

On démontrerait, comme dans la proposition précédente, que cela a lieu pour six, pour sept, pour huit, etc., nombres. Donc, etc.

66. *Le produit des deux nombres est divisible par tout nombre qui divise un de ses facteurs.*

Soit 15×7 ; que 3 divise 15, je dis que 3 divise 15×7.

En effet, puisque 3 divise 15, et que le quotient de 15 par 5 est 3, on a $3\times5=15$; donc $15\times7=3\times5\times7=5=35$, donc 15×7 divisé par 3, donne pour quotient 35 ; donc 15×7 est divisible par 3.

67. *On ne change pas la valeur d'une fraction, quand on multiplie ses deux termes par le même nombre.*

Soit la fraction $\frac{5}{2}$, on multiplie ses deux termes par 2, je dis qu'on ne change pas sa valeur.

En effet, en multipliant 5 par 2, on rend les parties de l'unité deux fois plus petites ; mais en multipliant le numérateur par 2, on rend le numérateur deux fois plus grand ; dont on ne change pas la valeur de la fraction $\frac{5}{5}$ en multipliant ces deux termes par 2, puisque quand les parties de l'unité deviennent deux fois plus petites, on en prend deux fois plus.

68. *Réduire deux fractions au même dénominateur.*

Multipliez les deux termes de la première par le dénominateur de la seconde, et les deux termes de la seconde par le dénominateur de la première.

Il est évident 1° qu'en suivant cette règle on ne change point les valeurs des fractions, puisqu'on multiplie les deux termes de chaque fraction par le même nombre (67).

Il est évident, 2° qu'on les réduit au même dénominateur, puisque les nouveaux dénominateurs sont deux produits égaux. (63).

69. *Réduire tant de fractions que l'on voudra au même dénominateur.*

Multipliez les deux termes de chaque fraction par le produit des dénominateurs de toutes les autres fractions.

Il est évident, 1° qu'en suivant cette règle, on ne change pas les valeurs des fractions, puisque l'on multiplie les deux termes de chaque fraction par le même nombre (67); il est évident, 2° qu'on les réduit au même dénominateur, puisque les nouveaux dénominateurs sont des produits égaux (65).

70. *Trouver la somme de plusieurs fractions.*

Si les fractions proposées ont le même dénominateur au-dessous de la somme des numérateurs, écrivez le dénominateur commun.

Soient les fractions $\frac{2}{7} + \frac{3}{7}$, il est évident que $\frac{2}{7} + \frac{3}{7} = \frac{5}{7}$.

Si les fractions proposées n'ont pas le même dénominateur, réduisez-les au même dénominateur, et au-dessous de la somme des numérateurs, écrivez le dénominateur commun.

Soient les fractions $\frac{2}{3}$, $\frac{3}{5}$, réduisant ces fractions au même dénominateur, on aura $\frac{10}{15}$, $\frac{9}{15}$. Puisque $\frac{2}{3} = \frac{10}{15}$, et que $\frac{3}{5} = \frac{9}{15}$, il est évident que $\frac{2}{3} + \frac{3}{5} = \frac{10}{15}$. Mais $\frac{10}{15} + \frac{9}{15} = \frac{19}{15}$; donc $\frac{2}{3} + \frac{3}{5} = \frac{19}{15}$.

71. *Soustraire une fraction d'une autre.*

Si les fractions proposées on le même dénominateur, soustrayez le plus petit numérateur du plus grand, et au-dessous du reste écrivez le dénominateur commun.

Si les fractions proposées n'ont pas le même dénominateur, réduisez-les au même dénominateur, soustrayez le plus petit numérateur du plus grand, et au-dessous du reste écrivez le dénominateur commun.

Soient les fractions $\frac{2}{3}$, $\frac{3}{5}$; réduisant ses fractions au même dénominateur, on aura $\frac{10}{15}$, $\frac{9}{15}$. Puisque $\frac{2}{3} = \frac{10}{15}$, et que $\frac{3}{5} = \frac{9}{15}$; il est évident que $\frac{2}{3} - \frac{3}{5} = \frac{10}{15} - \frac{9}{15}$; mais $\frac{10}{15} - \frac{9}{15} = \frac{1}{15}$; donc $\frac{2}{3} - \frac{3}{5} = \frac{1}{15}$.

72. *Multiplier une fraction par un entier.*

Multipliez le numérateur par l'entier, et au-dessous du produit écrivez le dénominateur.

Soit proposé de multiplier $\frac{2}{11}$ par 4; il est évident que le produit sera $\frac{8}{11}$.

73. *Multiplier un entier par une fraction.*

Divisez l'entier par le dénominateur, et multipliez le quotient par le numérateur.

Soit proposé de multiplier 5 par $\frac{2}{3}$, le produit sera $\frac{10}{3}$.

En effet, multiplier cinq par deux tiers, c'est prendre deux fois le tiers de cinq; mais le tiers de cinq est égal à cinq tiers (48); donc les deux tiers de cinq sont égaux à $\frac{10}{3}$; donc $5 \times \frac{2}{3} = \frac{10}{3}$. Donc, etc.

74. *Multiplier une fraction par une fraction.*

Multipliez le dénominateur par le dénominateur, et le numérateur par le numérateur.

Soit proposé de multiplier $\frac{2}{5}$ par $\frac{3}{4}$, le produit sera égal à $\frac{6}{20}$.

En effet, multiplier $\frac{2}{5}$ par $\frac{3}{4}$, c'est prendre deux fois le quart de $\frac{2}{5}$; mais le quart de $\frac{2}{5}$ et de $\frac{2}{20}$, puisque le numérateur restant le même, les parties de l'unité sont quatre fois plus petites; donc les trois quarts de $\frac{2}{5}$ sont égaux à $\frac{6}{20}$, donc le produit de $\frac{2}{5}$ par $\frac{3}{4}$ est égal à $\frac{6}{20}$. Donc, etc.

75. *Diviser un entier par une fraction.*

Multipliez l'entier par le dénominateur; et au-dessous du produit écrivez le numérateur.

Soit proposé de diviser 5 par $\frac{2}{3}$, le quotient sera $\frac{15}{2}$.

En effet, puisque 1 contient $\frac{2}{3}$ trois frois, 5 contient $\frac{2}{3}$ quinze fois donc 5 contient $\frac{2}{3}$ la moitié de 15; donc le quotient de 5 par $\frac{2}{3}$ est égal à $\frac{15}{2}$. Donc, etc.

76. *Diviser une fraction par un entier.*

Multipliez le dénominateur par l'entier.

Soit proposé de diviser $\frac{2}{5}$ par 3, le quotient sera $\frac{2}{15}$.

En effet, puisque $\frac{1}{5}$ contient le cinquième de 1, un cinquième contient le quinzième de 3; donc $\frac{2}{5}$ contient deux fois le quinzième de 3.

Donc le quotient de $\frac{2}{5}$ par trois est égal à $\frac{5}{15}$. Donc, etc.

77. *Diviser une fraction par une fraction.*

Multipliez le dénominateur de la fraction dividende par le numérateur de la fraction diviseur, et le numérateur de la fraction dividende par le dénominateur de la fraction diviseur, c'est-à-dire, multipliez la fraction dividende par la fraction diviseur renversée.

Soit proposée de diviser la fraction $\frac{5}{3}$ par la fraction $\frac{4}{5}$, le quotient sera $\frac{10}{12}$.

En effet, puisqu'un tiers contient le tiers de 1, un tiers contiendra le douzième de quatre; donc $\frac{2}{3}$ contiendra les deux douzièmes de 4; mais $\frac{4}{5}$ est cinq fois plus petit que 4, donc $\frac{5}{5}$ contiendront les dix douzièmes de $\frac{4}{5}$, donc le quotient de $\frac{2}{3}$ par $\frac{4}{5}$ est $\frac{10}{12}$. (L. 112—148.)

De la formation des nombres carrés, et de l'extraction de leurs racines.

78. *Si deux nombres sont premiers entre eux, le carré de l'un d'eux sera premier avec l'autre nombre.*

Soient les nombres 71 et 16 qui son premiers entre eux; je dis, 1° que 71×71 et 16 sont premiers entre eux.

Puisque ces nombres sont premiers entre eux, si l'on divise le plus grand par le plus petit, le plus petit par le premier reste, le premier reste par le second reste, et ainsi de suite, on aura enfin un reste qui sera égal à l'unité(51). Que ces divisions soient faites, et que 71 divisé par 6 donne 4 pour quotient et 7 pour reste; que 16 divisé par 7 donne 2 pour quotient et 2 pour reste, et que 7 divisé par 2 donne 3 pour quotient et un pour reste.

Puisque le dividende égale le diviseur multiplié par le quotient plus le reste, on aura :

$$71 = 16 \times 4 + 7, \quad 16 = 7 \times 2 + 2, \quad 7 = 2 \times 3 + 1.$$

Multiplions tous les termes de ces égalités par 71, et à la suite de ces égalités ainsi multipliées, écrivons ces mêmes égalités. Nous aurons :

$$71 \times 71 = 71 \times 16 = 4 + 71 \times 7, \quad 71 \times 16 = 71 \times 7 \times 2 + 71 \times 2,$$
$$71 \times 7 = 71 \times 2 \times 3 + 71, \quad 71 = 16 \times 4 + 7, \quad 16 = 7 \times 2 + 2, \quad 7 = 2 \times 3 + 1.$$

Supposons, s'il est possible, que les nombres 71×71 et 16 ne soient par premiers entre eux, et que le nombre P, plus grand que l'unité, soit diviseur de ces deux nombres.

Puisque P divise 71×71, le nombre P divisera $71 \times 16 \times 4 + 71 \times 7$ qui lui est égal. Mais P divise $71 \times 16 \times 4$, puisque P divise 16; donc P divise 71×7; car, lorsqu'un nombre en divise un autre, il divise aussi ses multiples; et lorsqu'un nombre en divise un autre et une de ses parties, il divise aussi l'autre partie (30 et 32.)

Puisque P divise 71×16, le nombre P divisera $71 \times 7 \times 2 + 71 \times 2$ qui lui est égal. Mais on a démontré que P divise 71×7, donc P divise $71 \times 7 \times 2$ (30); donc P divise 71×2 (32).

Puisque P divise 71×7, le nombre P divisera $71 \times 2 \times 3 + 71$. Mais on a démontré que P divise 71×2; donc le nombre P divise $71 \times 2 \times 3$ (30), et par conséquent 71 (32).

Puisque P divise 71 et 16, le nombre P divisera 16×4 (130), et par conséquent 7 (32).

Puisque P divise 16 et 7, le nombre P divisera $7 + 2$ (30), et par conséquent 2.

Puisque P divise 7 et 2, le nombre P divisera 2×2 (30), et par conséquent 1 (32); donc P, qui est plus grand que l'unité, divise l'unité; c'est-à-dire, que le tout est contenu dans la partie; ce qui est absurde. Donc les nombres $71 + 71$ et 16 sont premiers entre eux:

Je dis, 2° que les nombres 71 et 16×16 sont premiers entre eux.

Multiplions tous les termes des premières égalités par 16; et à la suite de ces égalités ainsi multipliées écrivons ces mêmes égalités.

Supposons, s'il est possible, que 71 et 16×16, ne soient pas premiers entre eux, et que le nombre Q, plus petit que l'unité, soit diviseur de ces deux nombres.

Nous démontrerons, de la même manière, que Q sera diviseur de l'unité; ce qui est absurde. Donc 71 et 16×16 sont premiers entre eux.

Donc, si deux nombres sont premiers entre eux, le carré de l'un d'eux est premier avec l'autre nombre.

79. *Il est impossible d'assigner exactement la racine carrée des nombres qui se trouvent entre 1 et 4, entre 4 et 9, entre 9 et 16, entre 16 et 25.*

Soit le nombre 7, je dis qu'il est impossible d'assigner exactement la racine carrée de ce nombre.

En effet, la racine carrée de ce nombre étant plus grande que 7, et plus petite que 3, s'il était possible de l'assigner, elle serait égale à 2, plus une fraction. Réduisons l'entier en fraction; ajoutons cette nouvelle fraction avec la première; et que la fraction qui résulte de cette addition soit réduite à sa plus simple expression. Puisque le numérateur et le dénominateur seront premiers entre eux, le carré du numérateur et le dénominateur seront premiers entre eux. Mais si le carré du numérateur et le dénominateur sont premiers entre eux, le carré du dénominateur et le carré du numé-

rateur seront aussi premiers entre eux. Mais si le carré du numérateur et le carré du dénominateur sont premiers entre eux, le carré
du dénominateur ne sera pas diviseur du carré du dénominateur; il
est donc impossible que le carré de cette fraction soit égal à 7. Il
est donc impossible d'assigner exactement la racine carrée de 7. On
ferait le même raisonnement pour tout autre nombre qui serait
placé entre 1 et 4, entre 4 et 9. Donc, etc.

Les racines carrées qu'on ne peut assigner, se nomment nombres incommensurables, irrationnels, parce que ces nombres n'ont
aucune mesure commune avec l'unité, parce que l'on ne peut pas
assigner le rapport de ces nombres avec l'unité.

80. *Le carré d'un nombre de deux chiffres renferme le carré des dixaines, le double des dixaines multiplié par les unités, et le carré des
unités.*

Soit le nombre 73 à élever au carré. Ce nombre peut s'écrire de
la manière suivante 70+3. Puisque 70+3 est la même chose que
73, le carré de 70+3 sera évidemment le même que le carré de 73.

Pour carrer le nombre 70+3 :

$$70+3$$
$$70+3$$
$$\overline{\qquad}$$
$$3\times3$$
$$70\times3$$
$$70\times3$$
$$70\times70$$

j'écris 70+3 au-dessous de 70+3, et je multiplie 70+3 par 70+3
c'est-à-dire, que je répète le multiplicande 7+5 d'abord trois fois
et ensuite 70 fois.

Le produit de 3 par 3 donnera le carré des unités.

Le produit de 70 par 3 donnera le produit des dixaines par les
unités.

Le produit de 3 par 70 donnera encore le produit des dixaines
par les unités.

Le carré de 70+3 renferme donc le carré des dixaines, plus le
double des dixaines multiplié par les unités, plus le carré des
unités.

On démontrerait de la même manière, que le carré de tout autre nombre composé de dixaines et d'unités, renfermerait pareillement le carré des dixaines, plus le double des dixaines multiplié par
les unités, plus le carré des unités.

81. *Le carré d'un nombre de trois chiffres renferme le carré des
centaines, le double des centaines multiplié par les dixaines et par les
unités, et le carré des unités, ou bien le carré d'un nombre représenté
par les deux premiers chiffres, le double d'un nombre représenté par
les deux premiers chiffres multiplié par les unités et le carré des unités.*

Soit le nombre 975, en le décomposant, on aura 900+75, ou
bien 970+5.

Considérant le nombre 975 comme composé des deux parties 900 et 75, et multipliant 900+75 par lui-même, on démontrerait comme on l'a fait plus haut, que le carré de 975 renferme le carré des centaines; plus le double des centaines, multiplié par les dixaines et par les unités; plus le carré du nombre représenté par les deux derniers chiffres.

Considérant le nombre 975 comme composé des deux parties, 970+5, et multipliant 970+5 par lui-même, on ferait voir que le carré de 975 renferme le carré du nombre représenté par les deux premiers chiffres, plus le double des centaines et des dixaines, multiplié par les unités, plus le carré des unités.

Si le nombre avait une plus grande quantité de chiffres, on démontrerait, 1° que le carré de ce nombre renferme le carré du nombre représenté par le premier chiffre, par le double du nombre représenté par le premier, multiplié par le nombre représenté par les chiffres suivans, plus le carré du nombre représenté par les chiffres suivans.

On démontrerait, 2° que le carré renferme le carré du nombre représenté par les deux premiers chiffres, par le double du nombre représenté par les deux premiers chiffres, multipliés par le nombre représenté par les chiffres suivans, plus le carré du nombre représenté par les chiffres suivans.

On démontrerait, 3° que ce carré renferme le carré du nombre représenté par les trois premiers chiffres, plus le double du nombre représenté par les trois premiers, multiplié par le nombre représenté par les chiffres suivans, plus le carré du nombre représenté par les chiffres suivans.

On démontrerait, 4° que ce carré renferme le carré du nombre représenté par les quatre premiers chiffres, plus, etc.

82. *Le carré du nombre ne peut avoir que le double des chiffres de la racine, ou le double moins un.*

Soit les nombres 10000 et 99999, composé chacun de cinq chiffres.

Je dis d'abord que le carré de 10000, qui est le plus petit nombre représenté par cinq chiffres, a neuf chiffres, c'est-à-dire, le double des chiffres de la racine, moins un, ce qui est évident, puisque le produit de 10000 par 10000 doit être égal à l'unité suivie de huit zéros.

Je dis en second lieu que le carré de 99999, qui est le plus grand nombre représenté par cinq chiffres, a dix chiffres, c'est-à-dire, le double des chiffres de la racine.

En effet, le carré de 99999 ne peut avoir moins de dix chiffres; car le carré de 90000, qui est plus petit que 99999, en a dix.

Le carré de 99999 ne peut avoir plus de dix chiffres. Supposons, si cela est possible, qu'il puisse en avoir davantage, onze, par exemple. Puisque le carré de 10000, qui est plus grand que 99999, n'a pas onze chiffres, et que ce carré est le plus petit nombre représenté par onze chiffres, il s'en suivrait de cette supposition que le carré d'un nombre plus petit serait plus grand que le carré d'un nombre plus grand, ou du moins que le carré d'un nombre plus petit serait égal au carré d'un nombre plus grand, ce qui est absurde. Donc le carré de 99999 ne peut avoir que dix chiffres.

Je conclus de là que les carrés des nombres placés entre 10000 et 99999 ne peut avoir que le double des chiffres de leurs racines, ou le double des chiffres de leurs racines, moins un.

Le raisonnement serait le même, si l'on avait d'autres nombres, pourvu que l'un d'eux fût représenté par l'unité suivie d'un certain nombre de zéros, et que l'autre fût représenté par autant de 9 que le premier a de chiffres.

Donc le carré d'un nombre ne peut renfermer que le double des chiffres de la racine; ou le double des chiffres de la racine, moins un.

83. *Le nombre des chiffres de la racine carrée d'un nombre est égal à la moitié du nombre des chiffres de son carré, lorsque le nombre des chiffres du carré est pair, ou égal à la moitié du nombre des chiffres du carré, augmenté de l'unité, lorsque le nombre des chiffres est impair.*

Je dis, 1° qu'un nombre de dix chiffres a cinq chiffres à sa racine.

En effet, sa racine ne peut en avoir davantage; car, si elle en avait six, son carré en aurait au moins onze; elle ne peut pas en avoir moins; car le carré du plus petit nombre, représenté par cinq chiffres, en a neuf.

Je dis, 2° qu'un nombre de neuf chiffres a cinq chiffres à sa racine : car le carré du plus petit nombre de cinq chiffres, est le plus petit nombre de neuf chiffres.

Le raisonnement serait le même pour tout autre nombre; donc, etc.

84. Puisque le nombre des chiffres de la racine carrée d'un nombre est égal à la moitié du nombre des chiffres de son carré, lorsque le nombre du carré des chiffres est pair, ou égal à la moitié du nombre des chiffres de son carré, plus un, lorsque le nombre des chiffres est impair, il est évident que, si en allant de droite à gauche, on partage le nombre dont on veut avoir la racine carrée, en tranches de deux chiffres, le nombre des chiffres de la racine sera égal au nombre des tranches. La première tranche à gauche peut n'avoir qu'un seul chiffre.

85. *Le produit d'un nombre représenté par un chiffre quelconque du multiplicande, par un nombre représenté par un chiffre quelconque du multiplicateur, doit être suivi d'autant de zéros que ces deux chiffres ont de chiffres vers leur droite.*

Soient les deux nombres 9876 et 4321. Multiplions ces deux nombres l'un par l'autre.

$$\begin{array}{r} 9876 \\ 4321 \\ \hline 9876 \\ 197520 \\ 2962800 \\ 39504000 \\ \hline \end{array}$$

Il est évident que le produit de 6 par 4 sera suivi de trois zéros; que le produit de 7 par 4 sera suivi de quatre zéros; que le produit de 8 par 4 sera suivi de cinq zéros; que le produit de 9 par 4 sera suivi de six zéros; que le produit de 6 par 3 sera suivi de deux zéros, et ainsi de suite. Donc, etc.

86. *Extraire la racine carrée d'un nombre proposé.*

Soit proposé d'extraire la racine carrée de 3249. Pour la trouver, on s'y prendra de la manière suivante.

$$\begin{array}{r|l} 3249 & 57 \\ 25 & \overline{10} \\ \hline 749 \\ 3249 \\ \hline 0 \end{array}$$

Puisque ce nombre a quatre chiffres à son carré, il en aura deux à sa racine, des dixaines et des unités (83). Je commence par chercher les dixaines. Le carré des dixaines ne pouvant pas faire partie des deux derniers chiffres du nombre donné, ce carré doit se trouver dans 32; et comme la racine carrée de 32 ne peut pas être plus grande que cinq, je conclus que le nombre des dixaines de la racine est 5; j'écris 5 à côté de 3249; je carre 5, et je retranche 25 de 32, il me reste 7, à côté duquel j'abaisse les deux autres chiffres du nombre proposé.

Pour trouver les unités de la racine, je fais attention que le reste 749 contient le double des dixaines multipliés par les unités, plus le carré des unités.

Le double des dixaines multiplié par les unités ne peut faire partie du dernier chiffre. Je divise donc 74 par le double des dixaines qui est 10, et je trouve 7 que j'écris à la droite des cinq dixaines déjà trouvées; j'élève 57 au carré, je soustrais ce carré de 3249, et je trouve zéro pour reste; je conclus que 57 est la racine carrée 3249.

Soit encore proposé d'extraire la racine carrée de 567009.

$$\begin{array}{r|l} 56,70,09 & 753 \\ & \overline{14} \\ 49 & 150 \\ \hline 7700,9 \\ 5625 \\ \hline 4009 \end{array}$$

Puisque ce nombre renferme six chiffres, il aura trois chiffres à sa racine, des centaines, des dixaines et des unités.

Je commence par chercher les centaines.

Le carré des centaines ne pouvant faire partie des quatre derniers chiffres, ce carré doit se trouver dans 56 ; et comme la racine carrée de 56 ne peut être plus grande que 7, je conclus que 7 est le chiffre des centaines de la racine, j'écris 7 à côté du nombre proposé ; je carre 7, et je retranche son carré 49 de 56, et à côté du reste 7, je descends les chiffres suivans.

Pour trouver les dixaines, je fais le raisonnement suivant :

Les chiffres qui restent, renferment le double des centaines multiplié par les dixaines et par les unités, plus le carré du nombre représenté par les deux derniers chiffres.

Le double des centaines, multiplié par les dixaines, servira à faire trouver les dixaines ; pour les obtenir, je diviserai ce produit par le double des centaines ; le quotient sera le nombre cherché.

Le double des centaines par les dixaines ne peut faire partie des trois derniers chiffres. Je divise donc 77 par 14 ; le quotient est 5, et je conclus que les deux premiers chiffres de la racine sont 75.

Si au lieu de 77, on avait un nombre plus petit que 14, on aurait zéro pour quotient.

Pour trouver les deux premiers chiffres de la racine, nous avons considéré le carré d'un nombre représenté par trois chiffres, comme renfermant le carré des centaines, plus le double des centaines multiplié par les dixaines et les unités, plus le carré d'un nombre représenté par les deux derniers chiffres. Pour trouver les unités, nous considérons le carré d'un nombre représenté par trois chiffres, comme renfermant le carré du nombre représenté par les deux premiers chiffres, plus le double du nombre représenté par les deux premiers multipliés par les unités, plus le carré des unités.

Cela posé, il est évident que, si du nombre proposé 567009 je retranche le carré du nombre représenté par les deux chiffres qui sont à la racine, le reste, qui est 4509, renfermera le double du nombre représenté par les deux premiers chiffres multiplié par les unités, plus le carré des unités.

Le double du nombre représenté par les deux premiers chiffres multiplié par les unités, ne peut faire partie du dernier chiffre. Je divise donc 450 par le double de 75, et je trouve 3 au quotient ; j'écris 3 à la suite des deux premiers chiffres à la racine.

Je carre 753, et je soustrais le carré de ce nombre du nombre proposé, et il ne reste rien. Je conclus que 753 est la racine carrée de 567009.

87. Si le nombre dont on voudrait avoir la racine avait un plus grand nombre de chiffres, on l'obtiendrait en opérant d'une manière analogue.

Autrement.

Soit proposé d'extraire la racine carrée de 2916.

$$\begin{array}{c|c} 29,16 & 54 \\ 25 & \overline{104} \\ \hline 4\,16 & \\ \hline 0 & \end{array}$$

J'opère comme auparavant, et je trouve 54 pour racine carrée. Au lieu d'écrire 54 au carré, et de soustraire ce carré de 2916, j'écris 4 à côté du double des dixaines, et je multiplie 104 par 4; je soustrais ce produit de 416, et je trouve zéro pour reste.

Cette méthode est plus simple, et le résultat est le même. En effet, puisque le reste 416 ne renferme plus que le double des dixaines multiplié par les unités, et le carré des unités, il est évident qu'en multipliant 104 par 4, j'obtiens le double des dixaines par les unités, et le carré des unités; si je retranche ce produit du reste 416, il est évident que l'on a retranché de 2916 le carré des dixaines, le double des dixaines par les unités, et le carré des unités, c'est-à-dire, le carré de 54. Le raisonnement serait le même, si le nombre proposé, au lieu de deux tranches, en renfermait davantage.

S'il y avait un reste, et si ce reste égalait le double de la racine, plus un, ou si ce reste était plus grand que le double de la racine, plus un, le dernier chiffre de la racine serait trop petit.

Supposons que la racine soit 53, et qu'on ait pour reste 107, qui est le double de 53, plus un; je dis que la racine doit être 54.

$$\begin{array}{c|c} 29,16 & 53 \\ 25 & \overline{103} \\ \hline 406 & \\ \hline 107 & \end{array}$$

En effet, $104 \times 4 = (103 + 1)$, $(3 \times 1) = 103 \times 3 + 103 \cdot 5 + 1 = 103 \times 3 + 107$; donc 104×4 surpasse $103 + 3$ de 107, donc la racine doit être 54.

Donc, si l'on a un reste, et si ce reste est égal au double de la racine, plus un, ou si ce reste est plus grand que le double de la racine, plus un, le dernier chiffre de la racine est trop petit.

88. *Trouver la racine approchée d'un nombre qui n'est pas un carré parfait.*

Multipliez le nombre donné par le carré de 10, de 100, de 10000, c'est-à-dire, ajoutez 2, 4, 6 zéros à la suite de ce nombre; extrayez ensuite la racine carrée, et séparez à la racine 1, 2, 5, etc. décimales, c'est-à-dire, autant de décimales qu'on aura ajouté de fois deux zéros.

En effet, soit le nombre 19 dont on veut avoir la racine approchée. Si l'on multipliait ce nombre par le carré de 10, c'est-à-dire, par 100, et si on le divisait par 100, on aurait la fraction $\frac{1900}{100}$ qui serait égale à 19. Si l'on voulait extraire la racine de cette fraction, on extrairait la racine de numérateur que l'on diviserait par dix, qui est la racine carrée du dénominateur, ou ce qui serait la même chose, on séparerait une décimale à la racine carrée du numérateur, on séparerait 2, 3, 4, etc. ; décimales à la racine, si l'on avait multiplié le nombre proposé par le carré de 100, de 1000, 10000, c'est-à-dire, si l'on avait ajouté 4, 6, 8, etc., zéros à la suite du nombre proposé.

Si le nombre dont on veut extraire la racine carrée avait déjà des décimales, on ferait en sorte que le nombre des décimales fût un nombre pair.

Soit 52,7 ; ce nombre est la même chose que la fraction $\frac{527}{10}$; pour que le dénominateur fût un carré parfait, et que la fraction ne changeât point de valeur, il faudrait multiplier les deux termes par 10, ce qui donnerait $\frac{5270}{100}$, ou bien 52,70 : j'extrairais la racine carrée de 5270, et je séparerais une décimale à cette racine.

De la formation des nombres cubiques, et de l'extraction de leurs racines.

89. *Si deux nombres sont premiers entre eux, le cube de l'un d'eux sera premier avec l'autre.*

Soient les nombres 71 et 16, qui sont premiers entre eux je dis que le cube de l'un d'eux est premier avec l'autre nombre.

Au lieu de multiplier par 71 tous les termes des égalités 71 = 16 × 4 + 7, 16 = 7 × 2 + 2, = 2 × 3 + 1, comme au n° 78, on les multiplierait d'abord par 71 × 71, et ensuite par 71 ; et à la suite de ces égalités ainsi multipliées, on écrirait ces mêmes égalités. Au lieu de multiplier ces mêmes égalités par 16, on les multiplierait d'abord par 16 × 16, et ensuite par 16, et à la suite de ces égalités ainsi multipliées, on écrirait ces mêmes égalités.

Et l'on ferait voir, comme au n° 78, que 71 × 71 × 71 est premier avec 16 × 16 × 16 est premier avec 71.

90. *Il est impossible d'assigner exactement la racine cubique des nombres qui sont entre 1 et 8, entre 8 et 27, etc.*

Soit le nombre 10 : je dis qu'il est impossible d'assigner exactement la racine cubique de ce nombre.

En effet, la racine cubique de ce nombre étant plus grande que 2, et plus petite que 3, s'il était possible de l'assigner, elle serait égale à 2 plus une fraction.

Réduisons 2 en fraction, ajoutons cette nouvelle fraction avec la première, et que la fraction qui résulte de cette addition, soit réduite à sa plus simple expression. Puisque le numérateur et le dénominateur sont premiers entre eux, le cube du numérateur et le cube du dénominateur sont aussi premiers entre eux, le cube du dénominateur et le cube du numérateur sont aussi premiers entre eux. Mais si le cube du numérateur et le cube du dénominateur sont premiers entre eux, le cube du dénominateur ne sera pas diviseur du cube du numérateur : il est donc impossible que le cube de cette fraction soit égal à 9 ; il est donc impossible d'assigner exactement la racine cubique de 9.

ARITHMÉTIQUE.

91. Nous avons vu , 1° que le carré d'un nombre renferme le carré d'un nombre représenté par le premier chiffre, plus le double du nombre représenté par le premier, multiplié par le nombre représenté par les chiffres suivans , plus le carré du nombre représenté par les chiffres suivans.

Nous avons vu, 2° que le carré d'un nombre renferme le carré d'un nombre représenté par les deux premiers chiffres , plus le double du nombre représenté par les deux premiers , multiplié par le nombre représenté par les chiffres suivans , etc.

Cela posé , puisque pour élever au cube un nombre proposé, il faut multiplier par ce nombre le carré de ce même nombre , le cube d'un nombre représenté par tant de chiffres qu'on voudra , renferme le cube du nombre représenté par le premier chiffre, plus le triple carré du nombre représenté par le premier chiffre , multiplié par le nombre représenté par les chiffres suivans : plus le triple carré du nombre représenté par les chiffres suivans , multiplié par le nombre représenté par le premier chiffre ; plus le cube du nombre représenté par les chiffres suivans , ou bien le cube du nombre représenté par les deux premiers chiffres , plus le triple carré du nombre représenté par les deux premiers chiffres, multiplié par le nombre représenté par les chiffres suivans ; plus le triple carré du nombre représenté par les chiffres suivans; multiplié par le nombre représenté par les deux premiers chiffres ; plus le cube du nombre représenté par les chiffres suivans, etc.

92. Nous avons fait voir que le carré d'un nombre ne peut avoir que le double des chiffres de la racine , ou le double moins un. Nous démontrerions d'une manière semblable, que le cube d'un nombre ne peut avoir que le triple des chiffres de la racine , ou le triple moins un, ou le triple moins deux.

93. Nous avons fait voir également que le nombre des chiffres de la racine carrée d'un nombre est égal à la moitié du nombre des chiffres de son carré , ou à la moitié du nombre de ces chiffres augmenté d'une unité , quand le nombre des chiffres est impair. Nous démontrerions de la même manière que le nombre des chiffres de la racine cubique est égal au tiers des nombres des chiffres qui sont au cube , ou au tiers du nombre des chiffres augmenté d'une unité ou de deux unités.

D'où je conclus que , si en allant de droite à gauche, on partage le nombre dont on veut avoir la racine cubique ou tranche de trois chiffres , le nombre des chiffres de la racine sera égal au nombre des tranches. La première tranche à gauche peut ne renfermer que deux chiffres , ou même qu'un seul chiffre.

Soit proposé actuellement d'extraire la racine cubique de 596947688.

```
596,947,688    | 842
512            | ---
     84 9,47688| 192
     692 704 000| 21168
     ---------
       4 243,688
     596 947,688
     ---------
       000 000 000
```

Puisque ce nombre a trois tranches, sa racine aura trois chiffres. Le cube d'un nombre représenté par trois chiffres, renferme d'abord le cube des centaines. Le cube des centaines ne pouvant faire partie des six derniers chiffres, ce cube doit se trouver dans la première tranche à gauche.

Je cherche la racine cubique de 596, qui est de 8 : j'écris 8 à la droite du nombre proposé ; je cube 8, et je retranche son cube, qui est de 512 de 596, il me reste 84 ; à côté de 84, je descends les deux tranches suivantes. Ce qui reste renferme le triple carré des centaines, multiplié par les dixaines et par les unités. Pour trouver les dixaines, je raisonne ainsi :

Le triple carré des centaines, multiplié par les dixaines, ne pouvant faire partie des cinq derniers chiffres, je divise 849 par le triple carré des centaines, je trouve 4, j'écris 4 à côté de 8.

Puisque le cube d'un nombre, représenté par trois chiffres, renferme d'abord le cube du nombre représenté par les deux premiers chiffres, je retranche du nombre proposé 596947688 le cube de 840, et j'ai pour reste 4243688. Ce reste renferme le triple carré du nombre représenté par les deux premiers chiffres, multiplié par les unités, et comme ce produit ne peut faire partie des deux derniers chiffres, je divise 42436 par 21168, c'est-à-dire, par le triple carré du nombre représenté par les deux premiers chiffres, et je trouve pour quotient 2, que j'écris à côté de 4 ; j'élève 842 au cube ; je soustrais ce cube de 596947688, et je trouve zéro pour reste ; d'où je conclus que 842 est la racine cubique exacte de 596947688.

Si le nombre dont on veut extraire la racine, avec un plus grand nombre de chiffres, on se conduirait d'une manière semblable pour obtenir tous les chiffres de la racine.

94. Si le nombre dont on veut extraire la racine cubique, n'était pas un cube parfait, et si l'on voulait avoir une racine approchée, on multiplierait le nombre donné par le cube de 10, de 100, de 1000 c'est-à-dire, qu'on ajouterait 3, ou 6 ou 9 zéros au nombre proposé ; on en extrairait ensuite la racine cubique, et l'on séparerait de la racine autant de décimales qu'on aurait ajouté de fois trois zéro.

En effet, soit, par exemple, le nombre 27, dont on demande la racine cubique, si je multipliais ce nombre par le cube de 1000, c'est-à-dire, par 1000000, et si je divisais le produit par 1000000, j'aurais la fraction $\frac{27000000}{1000000}$ qui serait égale à 27. Si je voulais extraire la racine cubique de cette fraction, j'extrairai la racine cubique du numérateur, que je diviserais par 100, racine cubique du dénominateur, c'est-à-dire que je retrancherais deux décimales à la racine du numérateur. J'en retrancherais 3, 4, 5, etc., si j'avais multiplié 27 par le cube de 1000, de 10000, de 100000, etc., c'est-à-dire, si j'avais ajouté 9, 12, 15, etc., zéro.

Si le nombre dont on veut extraire la racine cubique avait des décimales, il faudrait faire en sorte que le nombre des décimales fût un multiple de trois. Le nombre des décimales de la racine serait le tiers du nombre des décimales du cube.

Soit 27,5; j'ajoute deux zéros à la suite de ce nombre, et j'ai 27,500 : j'extrais la racine cubique de 27500, et je sépare une décimale à la racine.

En effet, 27,5 est la même chose que $\frac{275}{10}$, ou que $\frac{27500}{1000}$. Pour avoir la racine cubique de cette fraction, j'extrais la racine cubique du numérateur 27500, et je divise cette racine par 10, qui est la racine cubique de 1000, ou ce qui est la même chose, je sépare une décimale de la racine cubique de 27500.

Des raisons et des proportions arithmétiques.

95. La raison arithmétique de deux nombres est le nombre qui exprime de combien le premier, qu'on appelle antécédent, surpasse le second qu'on appelle conséquent, ou de combien il en est surpassé.

L'antécédent et le conséquent s'appellent les termes de la raison.

La raison arithmétique de 7 à 3 est égale à 4.

On représente une raison arithmétique, en plaçant un point entre ses deux termes.

Pour représenter la raison arithmétique de 7 à 5, on écrit 7.3.

96. *Le plus grand terme d'un rapport arithmétique est égal au plus petit, plus la raison.*

Soit la raison arithmétique de 7 à 3; il est évident que $7=3+4$.

Si l'on représente par a le plus petit terme d'une raison arithmétique, et par d la différence de ces deux termes, il est évident que le plus grand sera égal à $a+d$.

Il suit de là qu'une raison arithmétique quelconque peut être représentée par $a+d$, a, ou par a, $a+d$, selon que le premier terme est plus grand ou plus petit que le second.

97. *Une raison arithmétique ne change point, quand on ajoute à ses deux termes, ou qu'on en retranche le même nombre.*

Car il est évident qu'après cette addition ou cette soustraction, la différence des deux termes sera toujours égale à d.

98. Une proportion arithmétique est l'assemblage de quatre nombres, dont le premier surpasse le second, ou en est surpassé

du même nombre que le troisième surpasse le quatrième, ou en est surpassé (*).

Pour représenter une proportion arithmétique, on place un point entre le premier nombre et le second, deux points entre le second et le troisième, et un point entre le troisième et le quatrième.

Soient les quatre nombres 7, 3, 9, 5, qui sont en proportion arithmétique, on écrit 7.3:9.5, et l'on dit, 7 est à 3 arithmétiquement comme 9 est à 5.

Le premier terme et le dernier s'appellent les extrêmes; le second et le troisième s'appellent les moyens.

Quand les deux moyens sont égaux, la proportion se nomme *proportion continue*. La proportion 9.7ˑ7.5 est une proportion continue. On peut la représenter ainsi $\div$ 9. 7. 5.

Il est évident que toute proportion arithmétique peut se représenter par la formule suivante : $a+d.a:b+d.b$, ou par celle-ci a. $a+b:b.b+d$, selon que les antécédens sont plus grands ou plus petits que leurs conséquens. Si la proportion est continue, on la représente par celle-ci $a+2d.a+d : a+d.a$, ou par cette autre a. $a+d : a+d . a+2d$.

99. *Dans toute proportion arithmétique, la somme des extrêmes est égale à la somme des moyens.*

Soit la proportion arithmétique $a+d$ a $b+d.b$; il est évident que ces deux sommes sont égales, puisque chacune d'elles est égale à $a+b+d$.

Soit la proportion arithmétique continue $a+2d. a+d : a+d.a$; il est évident que la somme des extrêmes est encore égale à celle des moyens, puisque chacune d'elles est égale à $2a+2d$.

La démonstration serait la même, si les antécédens étaient plus petits que les conséquens.

100. *Si l'on a quatre nombres dont la somme des extrêmes soit égale à la somme des moyens, ces quatre nombres sont en proportion arithmétique.*

Soient les quatre nombres $a+d, a, b+c, b$. que $a+d+b=a+b+c$, je dis que les nombres $a+d, a, b+c, b$ sont en proportion arithmétique.

En effet, puisque $a+d+b=a+b+c$, il faut nécessairement que c soit égal à d, mais si c est égal à d, $a+d$ surpasse a du même nombre que $b+c$ surpasse b. Donc ces quatre nombres forment une proportion arithmétique.

101. *Si quatre nombres ne forment pas une proportion arith-*

(*) De ce qu'une proportion arithmétique est l'assemblage de deux raisons arithmétiques égales, il ne s'ensuit pas des deux raisons arithmétiques égales forment toujours une proportion arithmétique.

La raison de 7 à 3 est égale à la raison de 5 à 9, et cependant les quatre nombres 7, 3, 5, 9, ne forment pas une proportion arithmétique; ainsi la définition de Bezout est vicieuse. (Voyez n° 172).

métique, la somme des extrêmes n'est pas égale à celle des moyens.

Que les quatre nombres $a+d$, $b+c$, b ne forme pas une proportion arithmétique, je dis que $a+b+d$ n'est pas égale $a+b \times c$.

Car si cela était, c serait égal à d, et alors les quatre nombres $a+d$, a, $b+c$, b formeraient une proportion arithmétique, ce qui n'est pas.

102. *Si quatre nombres sont en proportion arithmétique, ils y seront encore si l'on échange les places des moyens ou celles des extrêmes, et si l'on met les extrêmes à la place des moyens, et les moyens à la place des extrêmes.*

Soit la proportion arithmétique $a+d$. a $b+d$. b.

Je dis, 1o que b $a+d$. $b+d : a$. b.

Cela est évident, puisque $a+d$ surpasse $b+d$ ou en est surpassé d'un même nombre que a surpasse b ou en est surpassé, selon que a est plus grand ou plus petit que b (98).

Je dis, 2o que $a+d : b+d : a+d$.

Cela est évident, par la même raison.

Je dis, 3o que a. $a+d : b+d$.

Cela est encore évident.

Autrement.

Il est évident, qu'on peut faire tous ces changemens sans que les nombres $a+d$, a, $b+d$, d cessent d'être en proportion arithmétique, puisque, malgré ces changemens la somme des extrêmes sera toujours égale à la somme des moyens (100).

103. *Un des extrêmes d'une proportion arithmétique est égal à la somme des moyens moins l'autre extrême, et un moyen est égal à la somme des extrêmes moins l'autre moyen.*

Soit la proportion arithmétique a . $b : c$. d; puisque $a+d=b+c$, il est évident, que $a=b+c-d$, et que $b=a+d-c$ (25).

104. *Dans une proportion arithmétique continue, le terme moyen est égal à la moitié de la somme des extrêmes.*

Soit a . $b : b$. c; puisque $2b = a+c$; il est évident que $b=\frac{a+c}{2}$ (25).

Des raisons et des proportions géométriques.

105. *La raison géométrique de deux nombres, est le nombre qui exprime combien de fois le premier qu'on nomme antécédent, contient le second qu'on nomme conséquent.*

L'antécédent et le conséquent s'appellent les deux termes de la raison.

La raison géométrique de 12 à 4 est 3.

On représente une raison géométrique, en plaçant deux points entre ses deux termes.

Pour représenter la raison de 12 à 4, on écrit 12 : 4.

Il est évident, que l'antécédent est égal au conséquent multiplié par la raison.

Soit la raison géométrique de 12 à 4, il est évident, que 12 = 4 × 3.

Si l'on représente par a le conséquent et par q la raison, il est évident, que l'antécédent sera égal à aq.

Il suit de là qu'une raison géométrique quelconque peut être représentée par $aq : a$.

106. *Une raison géométrique ne change point quand on multiplie ou quand on divise les deux termes par le même nombre.*

En effet, une raison géométrique n'étant autre chose qu'une fraction dont le numérateur est l'antécédent de la raison, et dont le dénominateur est le conséquent de cette même raison, il est évident, qu'on ne change point une raison géométrique de deux nombres, quand on multiplie ou que l'on divise ses deux termes par le même nombre (51 et 67).

107. *Une proportion géométrique est l'assemblage de deux raisons géométriques égales.*

Quand le mot proportion est sans qualification, c'est de la proportion géométrique qu'il s'agit.

On représente une proportion géométrique, en séparant par quatre points les deux raisons géométriques qui la composent, et les deux termes de chaque raison par deux points.

Soient les deux raisons égales 12 : 4, 15 : 5, on écrit 12 : 4 :: 15 : 5, et l'on dit 12 est à 4, comme 15 est à 5.

Le premier et le dernier terme s'appellent les *extrêmes*, et le second et le troisième, les *moyens*.

Quand les deux moyens sont égaux, la proportion s'appelle *continue*.

La proportion 12 : 6 :: 6 : 3 est une proportion continue : on peut la représenter ainsi ÷ 12 : 6 : 3.

Il est évident, que toute proportion peut se représenter par cette formule $aq : a :: bq : b$, et si la proportion est continue, on la représente par celle-ci $aq^2 : aq :: aq : a$, ou par cette autre ÷ $aq : aq : a$.

108. *Dans toute proportion, le produit des extrêmes est égal au produit des moyens.*

Soit la proportion $aq : a : bq : b$. Il est évident, que $aq \times b = a \times bq$.

Soit la proportion continue $aqq : aq :: aq : a$. Il est évident, que $aqq \times a = aq \times aq$.

109. *Un des extrêmes est égal au produit des moyens divisé par l'autre extrême, et un des moyens est égal au produit des extrêmes divisé par l'autre moyen.*

Soit la proportion $a : b :: c : d$. Puisque $ad = bc$, il est évident, que $a = \dfrac{bc}{d}$ et que $b = \dfrac{ad}{c}$ (25).

110. *Le terme moyen d'une proportion continue est égal à la racine carrée du produit des extrêmes.*

Soit la proportion $a : b :: b : c$. Puisque $bb = ac$, il est évident, que $b \sqrt{ac}$ (28).

111. *Si l'on a quatre nombres dont le produit des extrêmes soit égal au produit des moyens, ces quatre nombres sont en proportion.*

Soient les quatre nombres aq, a, bp, b, que $aq \times b = a \times bp$; je dis que $q : a :: bp : b$.

Car puisque $aq \times b = a \times bq$, il faut nécessairement que p soit égal à q, sans quoi $aq \times b$ ne serait pas égal à $a \times bp$; mais si p est égal à q, il est évident, que aq contient a autant de fois que pb contient b: donc ces quatre nombres forment une proportion.

112. *Si quatre nombres ne sont pas en proportion, le produit des extrêmes n'est pas égal au produit des moyens.*

Que les quatre nombres aq, a, bq, b ne soient pas en proportion; je dis que $aq \times b$ n'est pas égal à $a \times bp$.

Car si cela était, p égalerait q, et alors les nombres aq, a, bp, b, formerait une proportion, ce qui n'est pas. Donc $aq \times b$ n'est pas égal à $a \times bp$.

113. *Si quatre nombres sont en proportion, ils y seront encore si l'on échange les places des moyens, ou celle des extrèmes; si l'on met les extrèmes à la place des moyens, et les moyens à la place des extrèmes.*

Soit la proportion $aq : a :: bq : b$.

Je dis 1° que $aq : bq :: a : b$.

Cela est évident (106).

Je dis 2° que $b : a :: bq : aq$.

Cela est évident par la même raison.

Je dis 3° que $bq : aq :: b : a$.

Cela est évident par la même raison.

Autrement.

Il est évident, qu'on peut faire tous ces changemens sans que les nombres aq, a, bq, b cessent d'être en proportion, puisque, malgré ces changemens, le produit des extrèmes sera toujours égal au produit des moyens (111).

114. *Si quatre nombres sont en proportion, ils y seront encore, si l'on multiplie ou si l'on divise les deux antécédens ou les deux conséquens par le même nombre.*

Soit la proportion $aq : a :: bq : b$.

Je dis, 1° que $aqp : a :: bqp : b$.

Cela est évident, puisque les antécédens sont les produits des conséquens par le même nombre.

Je dis, 2° que $\dfrac{aq}{p} : a :: \dfrac{bq}{p} : b$.

Cela est évident, par la même raison.

Je dis, 3° que $aq : ap :: bq : bp$. c'est-à-dire, $p : p :: q : p$.
Ce qui est évident.

Je dis, 4° que $aq : \dfrac{a}{p} :: bq : \dfrac{b}{p}$ c'est-à-dire, $q : \dfrac{1}{p} :: q : \dfrac{a}{p}$

Cela est encore évident.

115. *La somme des deux premiers termes d'une proportion est au second, comme la somme des deux derniers est au dernier.*

Soit la proportion $aq : a :: bq : b$; je dis, que $aq+a : a :: bq+b : b$, c'est-à-dire, $a(q+1) : a :: b(q+1) : b$.

Ce qui est évident.

116. *La somme des deux premiers termes est au premier comme la somme des deux derniers est au troisième.*

Soit la proportion $aq : a :: bq : b$: je dis, que $aq+a : aq :: bq+b : bq$; c'est-à-dire, $a(q+1) : aq :: b(q+1) : bq$.

En effet, puisque $a(q+1) : aq :: q+1 : q$. et que $b(b+1) : bq : q+1 : q$, il est évident, qu'on a $a(q+1) : aq :: b(p+1) : bq$.

117. *La différence des deux premiers termes est au second comme la différence des deux derniers est au dernier.*

Soit la proportion $aq : a :: bq : b$; je dis que $aq-a : a :: bq-q : b$, c'est-à-dire, $a(q-1) : a :: b(q-1) : b$.

Ce qui est évident.

J'ai supposé dans cette démonstration que les antécédens étaient plus grands que leurs conséquens ; supposons à présent que aq soit plus petit que a ; au lieu de $aq-a : a :: bq-b : b$, on aurait $a-aq : a :. q-bq : b$, c'est-à-dire, $a(1-q) : a :: b(1-a) : b$.

Ce qui est évident.

118. *La différence des deux premiers termes d'une proportion est au premier comme la différence des deux derniers est au troisième.*

Soit la proportion $aq : a :: bq : b$, je dis, que $aq-a : aq :: bq-b : bq$, c'est-à-dire, $a(q-1) : aq :. b(q-1) : bq$.

En effet, puisque $a(q-1) : aq : (q-1) :: q$, et que $b(q-1) : bq : ; (q-1) : q$, il est évident, que $q(q-1) : aq :: b(q-1) : bq$.

119. *La somme des antécédens est à la somme des conséquens comme un antécédent est à un conséquent.*

Soit la proportion $aq : a :: bq : bq : b$; je dis, que $aq+bq$ ou $(a+b)q : a+b :: aq : a$.

Ce qui est évident.

120. *La somme des deux premiers termes d''une proportion est à la somme des deux derniers comme la différence des deux premiers est à la différence des deux derniers.*

Soit la proportion $aq : a :: bq : b$; je dis, que $aq + a : bq + b :: aq - a : bq - b$, c'est-à-dire, $a(q+1) : b(q+1) :: a(q-1) : b(q-1)$.

Cela est évident, puisque si l'on divise les deux premiers termes par $q+1$, et les deux derniers par $q-1$ (106), on aura $a : b :: a : b$.

121. *La somme des antécédens est à la somme des conséquens comme la différence des antécédens est à la différence des conséquens.*

Soit la proportion $aq : a :: bq : b$; je dis, qu'on aura $aq+bq :: a + b :. aq-bq : a-b$, ou bien $(a+b)q : a+b :: (a-b)q : a-b$.

Ce qui est évident.

122. *Si l'on a une suite de raisons égales, la somme de tous les antécédens est à la somme de tous les conséquens comme un certain nombre d'antécédens est à la somme de leurs conséquens, comme un antécédent est à son conséquent.*

Soit à la suite des raisons égales $aq : a :: bq : b : cq :: c$, je dis qu'on aura $aq + bq + cq : a + b + c :: aq + bq : a + b :: aq : a$, c'est-à-dire, $(a+b+c)q : a+b+c(a+b)q : a+b :: aq : a$.

Cela est évident,

123. *On appelle raison composée, celle qui est composée de plusieurs raisons dont on a multiplié les antécédens entre eux et les conséquens aussi entre eux.*

Soit la raison de 9 à 3 et la raison de 8 à 2.

La raison de 9×8 à 3×2 est une raison composée des raisons de 9 à 3 et de 8 à 2.

124. *Une raison doublée, triplée, etc., est une raison composée de deux, de trois, etc., raisons égales.*

125. *Si deux ou un plus grand nombre de proportions sont multipliées par ordre, le produit des premiers termes de ces proportions est au produit de leurs seconds termes, comme le produit de leurs troisièmes termes est au produit de leurs quatrièmes termes.*

Soit les proportions $an : a :: bn : b$
$$cp : c :: dp : d$$
$$fq : f :: gq : g$$

Je dis, que $acfnpq : acf :: bdgn\,pq : bdg$.

Cela est évident, puisque les antécédens sont les produits des conséquens par le même nombre.

Il suit de là, que si l'on élève tous les termes d'une proportion au carré, au cube, etc., on aura encore une proportion.

126. *Si quatre nombres sont en proportion, leurs racines carrées, leurs racines cubiques, etc. seront en proportion.*

Soit la proportion $a : b :: c : d$, je dis que $\sqrt{a} : \sqrt{b} : \sqrt{c} : \sqrt{d}$.

En effet, puisque $a : b :: c : d$, on aura $\dfrac{a}{b} = \dfrac{c}{d}$, et par con-

séquent $\dfrac{\sqrt{a}\,\sqrt{c}}{\sqrt{b}\,\sqrt{d}}$. Donc $\sqrt{a} : \sqrt{b} :: \sqrt{c} : \sqrt{d}$.

On démontrerait de même que $\sqrt[2]{a} : \sqrt[2]{b} :: \sqrt[2]{c} : \sqrt[2]{d}$. etc.

127. *Si une raison est composée du produit de plusieurs autres raisons, on peut, sans changer la raison composée, substituer à chacune des raisons composantes une raison exprimée en d'autres termes, pourvu que cette raison soit la même que celle à laquelle on l'a substituée.*

Soit la raison $apbq : ab$, composée des raisons $ap : a$, $bq : b$, et soit aussi la raison $cq : c$; je dis que la raison $apbq : ab$, composée des raisons $ap : a$, $bq : q$, est la même que la raison $apcq : ac$, composée des raisons $ap : a$, $cq : c$.

Cela est évident, puisque les antécédens des raisons $apbq : ab$, $apcq : ac$, sont les produits des conséquens de ces raisons par pq.

128. *Lorsqu'on multiplie plusieurs proportions par ordre, on peut omettre les termes communs d'antécédens à conséquens.*

Soient les proportions à multiplier :
$$a : b :: c : d$$
$$b : e :: f : g$$
$$h : a :: k : l$$

Je dis que la proportion $h : e :: cfk : dgl$, est la même que la suivante $abh : bea :: cfk : dgl$.

Ce qui est évident, puisqu'on peut diviser les termes du premier rapport par ab (186). (L. 163, etc.)

Règle d'une seule position.

129. *Trouver un nombre dont la moitié, le tiers et les deux cinquièmes fassent ensemble 148.*

Quoique l'on puisse résoudre ces sortes de questions au moyen d'un nombre pris à volonté, et pour ainsi dire au hasard, néanmoins il convient de choisir d'après les conditions qui sont énoncées dans la question, parce que le calcul devient plus facile. Dans la question qui se présente, on voit que le nombre inconnu, doit être exactement divisible par deux, par trois et par cinq, puisque la somme de toutes les parties donne un nombre entier. Je prends donc le nombre 30 qui est le plus petit nombre divisible par les trois nombres ci-dessus ; additionnant sa moitié, son tiers et ses deux cinquièmes, j'ai pour somme 37. Il est évident que l'on aurait cette suite de termes proportionnels, la moitié de 30 qui est 15, est à la moitié du nombre cherché comme le tiers de 30 qui est 10, est au tiers du nombre cherché, comme les deux cinquièmes de 30 qui sont 12, sont aux deux cinquièmes du nombre cherché, comme 30 est au nombre cherché. Mais la somme d'un certain nombre d'antécédens est à la somme du même nombre de conséquens, comme un seul antécédent est à son conséquent; donc la somme de tous les antécédens, excepté le dernier (cette somme est 37) est à la somme de tous les conséquens, excepté le dernier (cette somme est 148 dans ce cas-ci) comme le nombre total 30 est au nombre cherché, on fera donc cette proportion, dont le quatrième terme sera le seul nombre cherché :

$$37 : 148 :: 30 : x = 120.$$

130. *Un particulier lègue son bien à trois amis; il en donne au premier le tiers, au second les deux cinquièmes, et 32000# qui restent, au troisième; on demande quel était le bien du défunt, et la part des deux premiers.*

On voit, par l'état de la question, que le bien dont il s'agit, doit être divisible par trois et par cinq : je prends le nombre 15; ôtant de ce nombre son tiers et ses deux cinquièmes dont la somme est 11, il reste 4 : je dirai si 4 donnent 32000#, combien 15? Je trouve 120000# qui satisfait à la question. Les parts des héritiers sont donc de 40000#, 48000# et 32000#.

131. *Partager le nombre 7800 entre trois personnes, de manière que la seconde ait deux fois autant que la première, et que la troisième ait autant que les deux autres.*

Supposant que la première ait une livre, la seconde en aurait deux, et la troisième trois; ce qui fait 6 pour la somme des trois parts. On fera ensuite cette règle de compagnie :

$$6\# : 7800\# :: \left\{ \begin{array}{l} 1 : x = 1300 \\ 2 : y = 2600 \\ 3 : z = 3900 \end{array} \right\} \text{ dont la somme est } 7800\#.$$

132. *Partager 15600# en trois parts, de manière que la première soit à la seconde, comme 5 est à 7; et que la seconde soit à la troisième, comme 9 est à 11.*

A cause que la part du second est représentée d'abord par 7, et ensuite par 9; je multiplie le premier rapport par 9, et le second par 7, et alors la première part sera à la seconde, comme 45 et à 63, et la seconde sera à la troisième, comme 63 est à 77. La somme des trois parts sera 185; on opérera ensuite comme auparavant, et on aura :

$$185 : 15600 :: \left\{ \begin{array}{l} 45 : x = 3794\frac{22}{37} \\ 63 : y = 5312\frac{16}{37} \\ 77 : z = 6492\frac{56}{37} \end{array} \right\} \text{ dont la somme est } 15600\#.$$

Règle de deux fausses positions.

133. *Partager le nombre 69960# entre cinq personnes, de manière que la seconde ait trois fois autant que la première, et 540# de plus,*

11

que la troisième ait la moitié de la première et le tiers de la seconde, moins 120; que la quatrième ait le double de la troisième et 360 de plus; et qu'enfin la cinquième ait autant que la première et la quatrième. On demande ce qui revient à chacune.

A cause des nombres constans et invariables 540., 120., 360 qui doivent se combiner par addition et soustraction avec les parts qu'il s'agit de déterminer, il est facile de reconnaître que les parties trouvées par le moyen d'un nombre pris à volonté, non-seulement ne seront pas des vraies parts de chacun; mais ne leur seront pas même proportionnelles. Afin donc de reconnaître pour combien ces quantités constantes tendent à troubler la proportion, il n'y a qu'à opérer de manière à ne pas confondre les mêmes quantités avec les grandeurs proportionnelles, en ne faisant qu'indiquer les additions et les soustractions avec les signes $+$ et $-$, comme on va le voir.

Pour résoudre cette question, je prends un nombre à volonté, comme 600, pour représenter la part du premier, triplant cette part, et y joignant 540, on aura 1800 $+$ 540 pour la part du second; prenant encore la moitié du premier, le tiers du second, et retranchant 120, on aura 300 $+$ 180 $-$ 220 $=$ 900 $+$ 60 pour celle du troisième. Passant à la quatrième, qui doit être le double de la troisième, je double 600 $+$ 60, ce qui me donne 1800 $+$ 120, à quoi il faut encore ajouter 360, et on aura pour la part du quatrième 1800 $+$ 480; on aura 600 $+$ 1800 $+$ 480 pour la part du cinquième, qui doit être égale à la première et à la quatrième part; et ajoutant ces cinq nombres aux première et quatrième, on trouvera que la somme des parts subordonnées à la première, par multiplication et par division est de 7500, et que celles des parties qui proviennent des combinaisons par addition et soustraction est de 1660; c'est précisément cette quantité qui tend à troubler la proportion, on commencera donc par l'ôter de 69960, et l'on aura pour reste 68400, après quoi l'on fera la proportion suivante :

$$7500 : 600 :: 68400 : x = 5472,$$

qui est la vraie part du premier. Il est à présent facile de trouver la part des autres co-partageans.

600		5472
1800 $+$	540	16956
900 $+$	60	8268
1800 $+$	480	16896
2400 $+$	480	22368
7500 $+$	1560	69960

Mais il est un procédé plus simple que l'on peut suivre dans les différentes questions qu'on résout par la règle de double fausse position.

Prenez deux nombres que vous assujettirez aux conditions de la

question, ce qui donnera deux résultats différens; si l'un de ces
nombres satisfait à la question, comme cela arrive quelquefois, le
problème est résolu; si le contraire arrive, ôtez ces deux résultats
du nombre donné, s'ils sont tous les deux plus petits que ce même
nombre, ou bien retranchez-en le nombre donné, s'ils se trouvent
tous les deux plus grands que lui; ou enfin, si l'un est plus petit et
l'autre plus grand que le nombre dont il s'agit, prenez les différences de ces deux résultats avec le nombre proposé, en marquant du
signe — celle qui est par défaut, et du signe + celle qui est par
excès. Ayant écrit ces deux restes avec leurs signes, multipliez le
premier reste par le nombre supposé en second lieu, et le second
reste par la première supposition. Divisez la différence de ces deux
produits par la différence des erreurs, si elles se sont trouvées toutes les deux de même espèce, positives ou négatives; ou la somme
de ces deux produits par la somme des erreurs, si elles se sont trouvées de signe contraire. Dans l'un et l'autre cas, le quotient sera
le nombre cherché.

134. *Un particulier demande à un autre ce qu'il a gagné d'écus;
celui-ci lui répond : si j'avais encore gagné la moitié, le quart et les
deux tiers de mon gain avec cinq par-dessus, j'en aurais 150.*

I.re supposition 12. I.er résultat 34. I.re différence   116
II.me supposition 24. II.e résultat 63. II.e différence   87

différences des erreurs   29

$$\begin{array}{r} 2784 \\ 1044 \end{array}$$

différence de produits   1740 | 29
                                  | 60

Je prends le nombre 12 auquel ajoutant sa moitié, son quart, et
ses deux tiers avec cinq, j'aurai pour somme 34, qui diffère de 150
de 116 unités; je prends ensuite 24, sur lequel opérant de la même
manière, j'ai pour résultat 63, dont la différence avec 150 est 87;
multipliant 12 par 87, on a 1044, multipliant de même 24 par 116,
on trouve 2784; la différence de ces deux produits est 1740, qui,
divisé par 29, différence des erreurs, donne 60 qui est le nombre
cherché.

En résolvant cette même question par une règle de fausse position, on la réduira à cette proportion.

$$29 : 12 :: 145 : x = 60$$

135. *Un général après une bataille fait la revue de son armée : le
tiers des soldats est mort, un quart est fait prisonnier, et un cinquième
a pris la fuite, en sorte qu'il ne lui reste plus que 1000 hommes. On
demande de combien de soldats son armée était composée.*

Je suppose d'abord qu'il avait 30,000 hommes; si j'en ôte le tiers,
le quart, et le cinquième, il reste 6500, dont la différence avec

13000 est de 6500. Je suppose ensuite que l'armée soit de 45000 hommes, après en avoir ôté les mêmes parties, on trouve 9750, dont la différence avec 13000 est de 3250, multipliant la première supposition par la seconde erreur; et la seconde supposition par la première erreur, les produits seront 9750000 et 292500000, dont la différence est de 195000000, que je divise par la différence des erreurs qui est de 3250, et le quotient est de 60000; nombre qui satisfait à la question.

Règle d'Intérêt.

Cette règle sert à trouver la somme due pour de l'argent prêté sous certaines conditions.

On tire l'intérêt d'une somme de plusieurs manières : l'on place une somme à raison de tant pour cent d'intérêt par an, à 5 pour cent, par exemple : ou bien l'on place une somme au denier tant, au denier 20, par exemple. Placer son argent à 5 pour cent par an, veut dire que 100 liv. rapporteront 5 liv. dans un an. Placer son argent au denier 20, veut dire que 20 liv. rapporteront 1 liv. dans un an; le placer au denier 18, au denier 16, au denier 12, au denier 10, cela veut dire que 18 livres, 16 livres, 12 livres, 10 liv. rapporteront 1 livre dans un an.

La règle d'intérêt présente quatre questions à résoudre : dans la première, on cherche l'intérêt du capital; dans la seconde, on cherche le capital même, dans la troisième, on cherche le temps, dans la quatrième enfin, on cherche le taux de l'intérêt. Nous allons éclaircir ces questions par des exemples.

136. *On demande l'intérêt simple de 450ᵗᵗ pour trois ans à raison de 6 pour cent par an?*

On fera la règle de trois suivante :

Si 100 liv. donnent 6 liv., combien 450 liv.? On trouvera 27 liv. pour l'intérêt d'un an, dont le triple fera 81 liv. pour l'intérêt de trois ans, lesquels 81 liv. ajoutées au principal, font 531 liv., somme totale, tant du principal que de l'intérêt.

137. *On demande quel était le capital de 531ᵗᵗ somme qu'on a touchée au bout de trois ans, tant en capital qu'en intérêt, comptant l'intérêt à 6 pour cent par an?*

Puisque 100 liv. deviennent 106 liv., au bout d'un an, 100 liv. deviendront 118 liv. au bout de trois ans, vous faites ensuite cette règle de trois :

Si 118 liv. se réduisent à 100 liv., à combien se réduiront 531 liv.? On trouvera que 531 livres se réduiront à 450 liv., laquelle somme sera celle qui a été placée à intérêt pendant trois années.

138. *On a donné 450ᵗᵗ à intérêt, à raison de 6 pour cent par an, on demande en combien de temps 450ᵗᵗ donneront 531ᵗᵗ, tant en principal qu'en intérêt.*

Pour faire cette règle, ôtez le principal 450 liv. de 531 liv., il restera 81 liv. pour l'intérêt.

Cherchez d'abord combien donneront 450 liv. à raison de 6 pour cent par an, en disant ;

Si 100# donnent 6# par an , combien 450#? On trouvera 27 pour l'intérêt d'un an. Dites ensuite :

Si 27# se gagnent dans un an , en combien de temps se gagneront 81#?Cherchez le quatrième terme d'une proportion qui commencerait par ces trois-ci : 27# : 1 an :: 81 : x, vous trouverez 3 ans pour quatrième terme; d'où je conclus que les 450# en trois ans, se monteront à 531#, tant en principal qu'en intérêt.

139. *On a placé à intérêt 450#, qui en trois ans ont rendu tant en principal qu'en intérêt, 531# : on demande à combien d'intérêt pour cent on a placé cette somme?*

Otez 450# de 531#, il reste 81 pour les intérêts de trois ans, divisant ensuite 81# par 3 , vous aurez 27# pour l'intérêt de chaque année; dites ensuite, 450# donnent 27# par an , combien 100#? vous trouverez 6#; d'où vous concluez que 450# avaient été placés à raison de 6 pour cent.

Si au lieu de demander l'intérêt de 560# pour trois ans, à raison de 6# pour 100#, on avait demandé l'intérêt de 450# pour trois ans, au denier 20, au denier 18, ou à tout autre denier, la règle aurait été absolument la même, au lieu de dire, si 100 donnent 6# combien 450? on aurait dit, si 20 donnent 1#, ou si 18 donnent 1, combien 450?

140. *Si l'on demandait quel était le capital de 531#, somme qu'on a touchée au bout de trois ans, tant en capital qu'en intérêts, comptant l'intérêt au denier 20 où à tout autre denier, on dirait : puisque 20# deviennent 21 au bout d'un an, 20# deviendront 23 au bout de trois ans.*

On fera ensuite cette règle de trois. Si 23# se réduisent à 20#, à combien se réduiront 531#? et on trouverait que 531# se réduisent à 461# 14s $\frac{18}{23}$.

141. *On a donné 450# à intérêt au denier 20 ; on demande en combien de temps 450#, donneront 531# tant en principal qu'en intérêts ?*

Pour faire cette règle, on ôtera 450# de 531#; il restera 81# pour l'intérêt: pour trouver ensuite combien donneront 450# au denier 20, dites :

Si 20# donnent 1 , combien 450? vous trouverez 22# 10s ; faites ensuite cette proportion : Si 22# 10s se gagnent dans un an, en combien de temps se gagneront 81#, etc. ?

142. *On a placé à intérêt 450#, qui en trois ans ont rapporté, tant en principal qu'en intérêts, 531# : on demande à quel denier on a placé cette somme ?*

Otez 450# de 531#, il restera 81# pour les intérêts de trois ans : divisant ensuite 81# par 3 , on aura 27# pour l'intérêt de chaque année , on fera ensuite cette proportion :

$$27 : 450 :: 1 : x,$$

et le quatrième terme apprendra à quel denier on a placé somme.

Règle de Change.

La règle de change n'est au fond qu'une règle d'intérêt. Le change se compte à tant pour cent de perte ou de profit.

La difficulté de transporter de l'argent d'un lieu dans un autre, à raison de la pesanteur et des risques que l'on court sur les chemins, a donné lieu à l'établissement de plusieurs places de change, telles que Paris, Lyon, Bordeaux et autres endroits. Par ce moyen, on peut faire tenir telle somme d'argent que l'on veut, moyennant une lettre de change d'un banquier ou d'un commerçant, à qui on en paie la valeur en deniers comptans.

143. *Un particulier, voulant a ler de Paris à Toulouse, va trouver un banquier pour lui faire toucher* 3000ᵗᵗ *net au même lieu : on demande combien il faut donner au banquier pour le change de* 3000ᵗᵗ, *le change étant accordé à 3 pour cent ?*

Dites : si pour 100ᵗᵗ on donne 3ᵗᵗ, combien donnera-t-on pour 3000ᵗᵗ ? La règle étant faite, on trouvera qu'il faudra payer 90ᵗᵗ pour le change. Il faudra donc remettre 3090ᵗᵗ au banquier, qui fournira une lettre de change de 3000ᵗᵗ net sur son correspondant de Toulouse.

144. *Mais si l'on voulait savoir combien on recevrait d'argent net à Toulouse, en donnant* 3000ᵗᵗ *à un banquier de Paris, selon la même condition de* 3ᵗᵗ *pour cent.*

On dirait si 103 se réduisent à 100ᵗᵗ à combien se réduiront 3000ᵗᵗ ? Faisant l'opération, on obtiendrait 2912ᵗᵗ 12ₛ 5ᵈ $\frac{15}{105}$, que l'on recevrait net à Toulouse.

145. *Quelqu'un ayant besoin d'une lettre de change de* 300ᵗᵗ, *de Paris sur Bordeaux, va trouver un banquier pour la lui procurer : on demande ce qu'il faut lui payer, prenant le change à* 3ᵗᵗ *pour* 100ᵗᵗ ?

Dites : si 100ᵗᵗ valent 103, combien 300ᵗᵗ ? on trouvera 309ᵗᵗ : donc on doit compter au banquier 309ᵗᵗ.

146. *Quelqu'un demande à ne payer que dans trois mois la somme de* 5000ᵗᵗ *et consent à payer l'intérêt à* $\frac{1}{4}$ *pour cent pour les trois mois.*

Dites : si pour 100ᵗᵗ on paie 102 $\frac{1}{2}$ pour principal et intérêts, combien doit-on payer, tant pour le principal que pour le change au bout de trois mois, ou 100ᵗᵗ : 102ᵗᵗ $\frac{1}{2}$ 5000ᵗᵗ : x ? on trouvera 5125ᵗᵗ que le débiteur doit payer au bout de trois mois.

Mais comme le débiteur n'a pas d'argent pour payer, il demande à son créancier qu'il attende encore trois autres mois aux mêmes conditions.

Il s'agira de savoir combien 5125ᵗᵗ monteront, tant en principal qu'en intérêts : on dira donc 100ᵗᵗ : 102 $\frac{1}{2}$: : 5125ᵗᵗ : x, et l'on trouvera 5253ᵗᵗ 2ₛ 6ᵈ que le débiteur aura à payer au bout de ces autres mois.

Règle d'Escompte.

'o est une somme à déduire sur la valeur d'un billet

dont on demande le paiement avant l'échéance ; d'où il suit que l'escompte n'est autre chose que l'intérêt de l'argent qu'on a payé d'avance ; cet intérêt se prend à un certain taux pour cent, qui est communément de 5 à 6.

Il y a deux manières de prendre l'escompte. Lorsque pour une somme de 100# qu'on prête aujourd'hui, on fait un billet de 105# ou de 106# payable au bout de l'année, on dit que l'escompte est en dedans, et dans ce cas, la valeur d'un billet de 105 ou de 106# payable au bout de l'année, se réduit à 100# payable sur-le-champ ; l'escompte est alors de 5# ou 6#. Mais si l'on commence par prélever sur la somme prêtée l'intérêt de cette somme pendant l'année, en ne prêtant que le principal diminué de son intérêt, on dit que l'escompte est en dehors. Il est visible que ceux qui prêtent ainsi, ont au bout de l'année l'intérêt de l'intérêt des sommes qu'ils ont prêtées.

147. *Un marchand a acheté pour 500# de marchandises à un an de terme ou de crédit, à condition qu'il en pourra faire l'escompte à raison de 10 pour 100 par an ; il arrive que, 3 ou 4 jours après, le marchand veut payer : on demande quelle somme il doit payer actuellement ; au lieu de 500# qu'il paierait au bout d'un an ?*

Pour résoudre cette question, il faut d'abord considérer que les 500# qu'il doit payer au bout d'un an, sont composées du principal et de l'intérêt d'une année, à raison de 10 pour 100, on dira ensuite : si 110#, somme composée de 100#, et de son intérêt pendant un an, donnent 100# combien 500# ? Faisant l'opération on trouvera $454\# \ 10\ s \ 10\ d\frac{10}{11}$ somme qu'il faut payer présentement, au lieu de 500# qu'on payera dans un an.

148. *Trouver l'escompte d'une somme de 7800# 15 s 6 d à 6 pour cent, escompte en dedans.*

On dira :
$$106 : 6\# :: 7800\# \ 15\ s\ 6\ d : x = 441\# \ 11\ s\ o\ d\ \tfrac{43}{53} ;$$

ôtant cette somme de la somme proposée, $7359\# \ 4\ s\ 5\ d\ \tfrac{11}{95}$ sera la somme qu'il faut payer déduction faite de l'escompte. Pour faire la preuve de cette opération, on fera cette proportion :
$$106\# : 100 :: 7800\# \ 15s\ 6d : x = 7359\# \ 4\ s\ 5\ d\ \tfrac{11}{53}.$$

Si l'on veut résoudre la même question, l'escompte en dehors, on dira : si le nombre 106, intérêts et principal de 100#, donne 6# d'escompte, combien 7800# 15 s 6 d donneront-ils ? ou
$$100\# : 6 :: 7800\# \ 15\ s\ 6\ d : x = 468\#\ o\ s\ 11\ d\ \tfrac{4}{25} ;$$

ôtant cette somme de la somme proposée, il vient $7332\# \ 14s\ 6d\ \tfrac{21}{25}$ dont on fera la preuve par cette proportion :
$$100\# : 84 :: 7800\# \ 15\ s\ 6\ d : x = 7332\# \ 14s\ 6d\ \tfrac{21}{25}.$$

Si l'on prend la différence des nombres $468\#\ os\ 6d\ \tfrac{4}{25}$ et $441\#$ $11\ s\ o\ d\ \tfrac{43}{53}$ on la trouve de $26\#\ 9\ s\ 11\ d\ \tfrac{133}{75}$ et si on cherche l'intérêt de $467\#\ o\ s\ 11\ d\ \tfrac{4}{25}$ à 6 pour cent, on trouvera absolument le même nombre ; d'où il suit que ceux qui prennent l'escompte en dehors, prennent l'intérêt de l'intérêt, ou l'intérêt composé des sommes qu'ils avancent.

Souvent on est obligé d'escompter une somme pour un nombre de mois et de jours donné avant l'échéance.

149. *Un imprimeur achète pour* 15640ħ *de papier dont il consent de payer l'escompte à 6 pour cent par an, avec la faculté de diminuer l'escompte à raison du temps qu'il payera avant l'échéance du billet : il vient payer au bout de 240 jours. On demande ce qu'il doit donner au marchand de papier.*

On fera d'abord cette proportion, $365 : 240 :: 6 : x = 3\frac{69}{73}$; on dira ensuite :

$$106ħ : 103\frac{69}{73} :: 15640ħ : x = 15336ħ \; 16s \; 5d \; \tfrac{47}{5868}.$$

Règle d'Alliage.

Les questions qui appartiennent à cette règle, sont de deux espèces, celles de la première espèce se trouvent au folio 101, n° 203.

Voici les règles de la seconde espèce que *Bezout* renvoie à l'Algèbre.

Dans ces règles, le prix moyen et celui de chaque partie de l'alliage étant connus, il peut arriver, 1°. qu'aucune des quantités dont le mélange doit être formé, ne soit fixée; 2°. qu'il y en ait une qui le soit; 3°. que l'on soit restreint à une certaine quantité d'alliage. Eclaircissons ceci par des exemples.

150. *Un marchand de vin voudrait mêler du vin à* 15 *s la pinte avec du vin à* 8 *s, pour en avoir qu'il pût vendre* 12 *s la pinte; combien doit-il en prendre de chaque espèce pour faire le mélange.*

Après avoir disposé les trois prix de cette manière :

$$12 \left\{ \begin{array}{l} 15 \ldots 4 \\ 8 \ldots 3 \end{array} \right.$$

Je prends la différence 3 de 12 à 15, et je la mets vis-à-vis 8, je place réciproquement vis-à-vis 15 la différence 4 de 12 à 8, et je conclus que trois pintes de 20 à 8, mêlées avec quatre à 15, feront du vin à 12 s; cela est évident, par la compensation qui se fait des deux prix, l'un supérieur et l'autre inférieur au prix moyen.

Il ne faut cependant pas conclure de cette compensation, que les nombres 4 et 3 soient les seuls qui satisfassent aux conditions du problème ; c'est ici une question qui a une infinité de solutions, même en nombres entiers. Il suffit, pour les trouver, de prendre deux nombres qui soient dans les mêmes rapports que 4 et 3, et pour cela, il n'y a qu'à les doubler, tripler, etc.

Si le mélange devait être fait avec du vin à 15 s, 10 s et à 8 s pour avoir encore du vin à 12 s, on s'y prendrait à peu près de la même manière, c'est-à-dire, qu'après avoir comparé 15 et 8 avec le prix moyen, et disposé réciproquement les différences 3 et 4, on comparerait 15 et 10 avec le même prix moyen 12, et on disposerait réciproquement aussi leurs différences.

$$\text{12} \begin{cases} 15 \ldots \ldots 4+2=6 \\ 10 \ldots \ldots 3 \\ 8 \ldots \ldots 3 \end{cases}$$

Six pintes de vin à 15s, trois pintes à 10s, et trois pintes à 8s, mêlées ensemble, feraient donc douze pintes de vin à 12s. S'il devait entrer encore dans le mélange quatre, cinq ou six sortes de vin à différens prix, on les comparerait successivement deux à deux avec le prix moyen, en observant de ne comparer à la fois que deux prix, l'un plus fort et l'autre plus faible que le prix moyen.

151. *Dans un temps de disette, un boulanger veut faire du pain avec de l'orge, du seigle et du froment, et le vendre 4 s. la livre. Il a huit boisseaux et demi de froment qui ferait du pain à 5 s. la livre. Le pain fait avec le seigle seul reviendrait à 3 s 8 d; celui qu'il ferait avec de l'orge coûterait 1 s 6 d : on demande combien il doit mêler de seigle et d'orge avec les huit boisseaux et demi de froment, pour faire du pain à 4 s la livre.*

Le prix moyen est ici 48d.

$$48 \begin{cases} 44 \ldots \ldots 12 \\ 18 \ldots \ldots 12 \\ 60 \ldots \ldots 30+4=34 \end{cases}$$

Je prends les différences avec les autres prix, comme dans l'exemple précédent, et je dis :

Pour faire du pain à 4s la livre avec les prix marqués, on pourrait donc prendre trente-quatre boisseaux de froment; mais puisque la quantité du froment est fixée, il est clair qu'il faut douze boisseaux de seigle et douze d'orge sur trente-quatre de froment, il en faudra sur huit et demi une quantité proportionnelle que je détermine par cette règle de trois :

$$34 : 8\tfrac{1}{2} :: 12 : x = 3.$$

Il en est de même pour les plus grands nombres de choses à mêler, quand on connaît leur prix et la quantité de l'une d'entre elles.

152. *On a trois sortes de café, la livre du premier vaut 50 s; celle du second en vaut 38, et celle du troisième 24. Trouver dans quelle proportion il faut les mêler pour en faire 64 livres, que l'on puisse vendre 30 s.*

Prenez les différences comme ci-dessus, et après les avoir ajoutées, dites : la somme des différences est la quantité des mélanges que l'on veut faire, comme chaque différence en particulier est à la quantité qu'il faut prendre.

$$30 \begin{cases} 50 \ldots 6 \\ 38 \ldots 6 \\ 24 \ldots 20 \quad 8 \end{cases} \quad 40 : 64 :: \begin{cases} 6 : x = 9\tfrac{3}{5} \\ 6 : x = 9\tfrac{3}{5} \\ 28 : x = 44\tfrac{4}{5} \end{cases}$$

$$\underline{\qquad 40 \qquad} \qquad \underline{\qquad 64 \qquad}$$

Des Echanges.

Quand il se fait des échanges d'une marchandise avec une autre, c'est toujours par le prix des monnaies que l'on connaît la valeur des marchandises, et le gain ou la perte qui peut se faire, tant à la vente qu'à l'échange.

153. *Deux marchands veulent échanger leurs marchandises : l'un a des épiceries qui ne valent que 9 s la livre argent comptant, et en échange il veut les faire valoir 10 s : l'autre a de la cire qui vaut 12 s argent comptant, et celui-ci veut savoir combien il doit vendre en échange pour n'être pas trompé.*

Pour résoudre cette question et autres semblables, il faut faire cette règle de trois :

Si 9 s argent comptant valent 10 s en échange, combien 12 s argent comptant vaudront-ils ? ou...

$$9 s : 10 :: 12 s : x = 13 s 4 d ;$$

il vendra donc sa cire 13 s 4 d pour ne rien perdre dans l'échange.

154. *Deux marchands veulent faire un échange de marchandises : l'un a de la serge qui vaut 36 s l'aune argent comptant, et en échange il en veut 60 s, et il en veut avoir le tiers argent comptant ; l'autre a de la laine qui vaut 20 s la livre argent comptant, combien doit-il la vendre en échange pour n'être pas trompé ?*

Il faut prendre le tiers de 60, et ôter ce nombre de 56 et de 60 : la première opération donnera 36 de reste, la seconde 40 : on fera ensuite cette règle de trois : si 36 comptant valent 40 s en échange, combien 20 s comptant, ou $36 s : 40 s :: 20 s : x = 22 s 2 d \frac{2}{9}$?

155. *Deux marchands échangent leurs marchandises : l'un a de l'étain qui vaut 8 s la livre argent comptant, et en échange il le fait valoir 10 s : l'autre a du cuivre qui vaut 26 s argent comptant, et en échange il le fait valoir 30 s. On veut savoir lequel gagne le plus ?*

Disons, si 8 s argent comptant valent 10 s en échange, combien 26 s argent comptant vaudraient-ils en échange ? On trouvera 32 s 6 d ; et par ce moyen l'on connaîtrait que le marchand de cuivre perdrait 2 s 6 d par livre et que l'autre marchand les gagnerait.

Mais si le marchand de cuivre voulait avoir le tiers en argent comptant, lequel des deux aurait le meilleur compte.

Pour le savoir, il faut prendre le tiers de la juste valeur du cuivre, qui est 10, et ôter cette somme de 26 s et de 30 s, reste 15 et 20, et dire ensuite : si 16 s donnent 20 s, combien 26 s ? On trouverait 32 s 6 d, et par-là on connaîtrait que le marchand de cuivre, ayant le tiers de son argent comptant, fait un échange égal avec l'autre marchand.

EXPOSITION ABRÉGÉE

DU NOUVEAU SYSTÈME

DES POIDS ET MESURES.

Des anciennes Mesures et de leurs inconvéniens.

On sait qu'en général les anciennes Mesures n'avaient rien de fixe ; elles variaient de nom et de grandeur d'une province à l'autre, d'une ville à la ville voisine, quelquefois dans la même ville. Un même mot signifiant des valeurs différentes, et le rapport de ces valeurs entre elles n'étant pas toujours bien déterminé ni généralement connu, on était continuellement induit en erreur ; ou l'on ne s'entendait pas : ce qui apportait des entrâves très-préjudiciables au commerce, et fournissait des moyens de fraude si multipliés qu'on avait souvent de la peine à s'en garantir.

La subdivision des unités principales des anciennes Mesures présentait aussi de graves inconvéniens. Comme cette subdivision ne se faisait pas suivant l'ordre décimal (qui est celui de la numération universellement adoptée) ni même d'après un mode constant et uniforme, la plupart des opérations d'Arithmétique qui avaient les Mesures pour objet, se trouvaient singulièrement compliqués et pénibles à exécuter. L'ordre de ces opérations s'oubliait aisément, de même que la manière de les faire. De sorte que cette partie de la science du calcul était regardée avec raison comme très-difficile soit à acquérir, soit à conserver.

La nécessité d'une réforme dans les Poids et Mesures était donc manifeste ; elle était en effet, depuis long-temps généralement reconnue. Cette réforme vient enfin d'être opérée. Voici les bases sur lesquelles on a établi le nouveau Système.

Des nouvelles Mesures en général.

ORIGINE OU BASE DES NOUVELLES MESURES.

Si l'on ne s'était proposé que de rendre les Mesures uniformes dans toute l'étendue de la France, on aurait pu se contenter d'en choisir une de chaque espèce, en statuant qu'à l'avenir chacune de ces Mesures choisies serait la seule employée dans cet État. Parmi les mesures de longueur, on distinguait la toise, l'aune, la canne, etc. : comme la toise était une·Mesure dont la longueur avait été assez bien déterminée, et qu'elle était d'ailleurs très-usitée, on aurait pu lui donner la préférence, et la désigner à cet effet, pour mesurer seule à l'avenir l'étendue en longueur. Mais la toise se divisant en 6 pieds, le pied en 12 pouces, le pouce en 12 lignes, etc., et ces subdivisions ne se faisant pas suivant l'ordre décimal, le calcul des nouvelles Mesures aurait conservé les difficultés qu'avait celui des anciennes, et aurait dès lors participé à tous les graves inconvéniens. La toise devait donc être rejetée. Ce que nous avons dit de la toise s'applique à bien plus forte raison aux autres Mesures anciennes, dont les défauts étaient encore plus multipliés.

A ces motifs, pour faire rejeter sans exception toute sorte de Mesure ancienne, se réunissaient les considérations suivantes.

On désirait, pour la simplification des opérations commerciales, non-seulement dans l'intérêt de la France, mais encore de la France avec les autres pays, que tous les peuples civilisés avec qui nous pouvons avoir des rapports, eussent les mêmes Mesures que les nôtres. Or, rien ne faisait espérer que les mesures qui auraient été choisies en France arbitrairement et sans une raison de préférence intrinsèque et incontestable, pussent être adoptées ailleurs. Pour qu'on pût espérer que cette adoption aurait lieu tôt ou tard, il est évident qu'il fallait des mesures dont la valeur fût invariable et comparable; c'est-à-dire, existant naturellement la même dans tous les temps et dans tous les lieux, et qu'on pût regarder par-là comme universelle.

Cette longueur, déduite des dernières observations, est de 5130740 toises ou de 30784440 pieds, elle a été déterminée avec tant de soin, avec des instrumens si parfaits, et par des géomètres si distingués, qu'on ne doit avoir aucun doute sur son exactitude.

Afin d'atteindre ce but, on les a fait dériver de la grandeur de la terre. On s'est servi pour cela de la distance de l'équateur au pôle, c'est-à-dire, de la *longueur du Quart d'un méridien terrestre* (du méridien qui traverse la France).

Du Mètre, *Unité fondamentale et usuelle des nouvelles mesures, et des autres unités qui en dérivent.*

La longueur du Quart du méridien terrestre étant très-considérable, on l'a successivement divisée et subdivisée en partie de dix en dix fois plus petites, ainsi qu'on le voit ci-dessous, dans la vue de choisir parmi ces parties une longueur qui fût propre à servir d'*Unité linéaire* pour remplacer celles dont on faisait usage, et pour en faire dériver tout autre sorte de Mesure; c'est le résultat de la septième division qui a été choisi pour cet objet.

Divisions successives, et de dix en dix, du Quart du Méridien.

Quart du méridien 30784440 pieds.

division	fraction	pieds	pieds.	pouc.	¾ lign.	
1re division	$\frac{1}{10}$	3078444				
2e division	$\frac{1}{100}$	3078444 ou 307844		4	9	$\frac{6}{10}$
3e division	$\frac{1}{1000}$	30784·44 ou 30784		5	3	$\frac{96}{100}$
4e division	$\frac{1}{10000}$	3078·444 ou 3078		5	3	$\frac{936}{1000}$
5e division	$\frac{1}{100000}$	507·844 ou 30		5	3	$\frac{904}{1000}$
6e division	$\frac{1}{1000000}$	30·78444 ou 30		9	4	$\frac{859}{1000}$
7e division	$\frac{1}{10000000}$	3·078444 ou 3	0	11		$\frac{296}{1000}$

Le résultat de la septième division, c'est-à-dire, la dix-millionième partie du Quart du méridien terrestre, exprimée en pieds, est de *trois pieds onze lignes deux cent quatre-vingt-seize millièmes de ligne*. Cette longueur a été définitivement adoptée pour *Elément* ou *Unité fondamentale et usuelle* des nouvelles Mesures, et on lui a donné le nom de MÈTRE, dérivé d'un terme grec qui signifie Mesure, Mesure par excellence.

Ainsi, le MÈTRE *en longueur* est l'élément, et en même temps l'unité proprement dite, de toutes les Mesures linéaires ou de longueur.

Le *mètre quarré* est l'élément et l'unité de toutes les mesures quarrées ou de superficie. Il sert en même temps à former une nouvelle unité pour mesurer les grandes surfaces, comme celles d'un champ, d'un terrain, etc. Cette nouvelle unité est un espace quarré dont le côté est de dix Mètres, et qui renferme par conséquent *cent mètres quarrés* (car le carré de 10, est 100) : on l'appelle ARE : du mot latin *arare*, labourer.

Le *mètre cube* est l'élément et l'unité de toutes les Mesures cubes, ou de solidité et de capacité. Il sert également à former une nouvelle unité de capacité, destinée pour le mesurage des liquides, des grains et autres matières sèches. Cette nouvelle unité est une espace cube qui a pour côté la dixième partie du Mètre, et qui renferme par conséquent *un millième de mètre cube* (car le cube de $\frac{1}{10}$, est $\frac{1}{100}$) : on l'appelle LITRE, de l'ancienne Mesure de capacité connue sous le nom de *litron.*

Les *poids* ou mesures de pesanteur dérivent aussi du Mètre. On a pris pour unité de poids, *le poids absolu d'un volume d'eau pure*, égal au cube de la centième partie du Mètre, égal, par conséquent, *à la millionième partie du mètre cube* (car le cube de $\frac{1}{100}$, est $\frac{1}{1000000}$). Cette unité de poids s'appelle GRAMME, d'un terme grec qui signifie un très-petit poids ancien.

Les *monnaies* se rattachent au Mètre, par le *Gramme*, c'est-à-dire, par leurs poids ; nous en parlerons ci-après, ainsi que de la nouvelle *Division du Cercle* et du *Jour astronomique*.

Subdivisions et multiples décimaux des nouvelles Unités; leur Nomenclature.

Les unités des nouvelles Mesures, dont nous venons de faire mention, se divisent et se subdivisent toutes d'une manière uniforme, et de dix en dix, c'est-à-dire, par *décimales* (*). De toutes les divisions et subdivisions de l'unité, celle qui se fait de cette manière est incontestablement la plus simple, et la plus commode dans les calculs, puisque la formation et le calcul des décimales sont absolument les mêmes que pour les nombres ordinaires ou entiers.

On divise donc le *mètre* ou l'unité de longueur, en dix parties qu'on appelle *Décimètre* ;

Le Décimètre, en 10 *Centimètres* ;

Le Centimètre, en 10 *millimètres* ;

On pourrait continuer, et diviser le millimètre en 10 *dixièmes de millimètres*, et ainsi de suite ; mais on s'arrête à ce terme qui suffit pour les usages ordinaires.

C'est d'après ce même système, qu'on forme des multiples décimaux du mètre. Ainsi,

10 Mètres	forment	1 *Décamètre* ;
10 Décamètres,		1 *Hectomètre* ;
10 Hectomètres,		1 *Kilomètre* ;
10 Kilomètres,		1 *myriamètre*.

On voit que pour former des mesures plus grandes ou plus petites que le Mètre, on s'est servi des mots *Myria-*, *Kilo-*, *Hecto-*, *Déca-*, *Déci-*, *Centi-*, *Milli-*, tirés du grec et du latin. Ils désignent respectivement des dixaines de mille, des milles, des centaines, des dixaines, des dixièmes, des centièmes, des millièmes de l'unité, et s'appliquent également aux unités de mesures de superficie, de capacité, de pesanteur, pour en désigner les subdivisions et les multiples décimaux. Ainsi

(*) Voyez pour ce qui concerne la formation et le calcul des décimales, ci-après.

Myriamètre		dix mille Mètres.
Kilomètre		mille Mètres
Hectare	signifient	cent Ares.
Décalitre		dix Litres.
Décigramme		dixième de Gramme.
Centilitre		centième de Litre.
Millimètre		millième de Mètre.

etc., etc.

Voici le tableau général de cette nomenclature :

MESURES

de longueur, de superficie, de capacité, de pesanteur.

Myriamètre,	Myriare,	Myrialitre,	Myriagramme,	dix mille..de l'unité choisie.
Kilomètre,	Kilare,	Kilolitre,	Kilogramme,	mille...
Hectomètre,	Hectare,	Hectolitre,	Hectogramme,	cent...
Décamètre,	Décare,	Décalitre,	Décagramme,	dix...
Mètre,	Are,	Litre,	Gramme.	
Décimètre,	Déciare,	Décilitre,	Décigramme,	dixième de.
Centimètre,	Centiare,	Centilitre,	Centigramme,	centième de.
Millimètre,	Milliare,	Millilitre,	Milligramme,	millième de.

Nous allons nous occuper plus particulièrement de chaque espèce de Nouvelle Mesure et de leurs rapports avec les anciennes.

DES NOUVELLES MESURES EN PARTICULIER.

Des Mesures linéaires ou de longueur.

Ainsi qu'il a été dit ci-dessus, le *Mètre*, unité de longueur, est la dix-millionième partie du Quart du méridien terrestre, et répond à 3 pieds 0 pouces 11 lignes 296 millièmes de lignes, ou, en décimales. . . . . 5 pieds 078444.

Il se divise en   10 *Décimètres*;
Le Décimètre, en 10 *Centimètres*;
Le Centimètre, en 10 *Millimètres*;

Les multiples sont les suivans :

10 Mètres font 1 *Décamètre* ;
10 Décamètres, 1 *Hectomètre* ;
10 Hectomètres, 1 *Kilomètre* ;
10 Kilomètres, 1 *Myriamètre* ;
10 Myriamètres, 1 *Degré décimal du méridien* ;
100 Degrés décimaux du méridien constituent le *Quart du méridien terrestre.*

Le Mètre et ses subdivisions remplacent la toise, le pied, le pouce, etc. Ils remplacent aussi l'aune, la canne, le pan, etc. Ainsi le mesurage des draps, toiles, etc.; doivent se faire en mètres, décimètres, centimètres, etc. La lieue, le mille, et les autres anciennes mesures itinéraires sont remplacées par le Myriamètre et le Kilomètre.

Le tableau ci-dessus présente les subdivisions et les multiples décimaux du Mètre, leurs rapports avec cette unité, et leurs valeurs en mesures anciennes.

TABLEAU DES NOUVELLES MESURES DE LONGUEUR.

NOMS DES NOUVELLES MESURES.	LEURS RAPPORTS AVEC L'UNITÉ FONDAMENTALE.	VALEURS EN MESURES ANCIENNES.			
	mètre.	tois.	pieds.	pou.	lign.
Myriamètre.	10000	5130	4	5	3·360
Kilomètre.	1000	513	0	5	3·336
Hectomètre.	100	51	1	10	1·583
Décamètre.	10	5	0	9	4·959
MÈTRE.	1		3	0	11·296
Décimètre.	0·1			3	8·330
Centimètre.	0·01				4·433
Millimètre.	0·001				0·443

Des mesures quarrées ou de superficie.

L'unité de superficie, pour les petites surfaces, est le *Mètre quarré*, qui répond à 9 pieds quarrés 68 pouces qu. 95 lig. qu. et 34 centièmes de lig. qu., ou en décimales, 9 pieds qu. 47682.

Il se divise en 100 *Décimètres quarrés* ;
le Décimètre quarré, en 100 *Centimètres quarrés* ;
le Centimètre quarré, en 100 *Millimètres quarrés*.

L'unité de superficie, pour les grandes surfaces, est l'*Are* qui vaut cent mètres quarrés (un Décamètre quarré) et répond à 26 toises qu. et 32 centimes toises qu. environ.

L'are se divise en 10 *Centiares* (ou Mètres quarrés).

Ses multiples sont les suivans :

10 Ares font 1 *Décare* (100 Mètres quarrés).

10 Décares font 1 *Hectare* (10000 Mètres quarrés, ou 1 Hectomètre quarré).

10 Hectares font 1 *Kilare* (100000 Mètres quarrés).

10 Kilares font 1 *Myriare* (1000000 Mètres quarrés, ou 1 Kilomètre quarré).

L'Are et ses multiples remplacent l'arpent, la salmée, et les autres anciennes mesures *agraires*. Ainsi, la surface d'un terrain, d'un champ, etc., doit s'exprimer en Ares, Déciares, Centiares, et en multiples décimaux de l'Are.

TABLEAU DES NOUVELLES MESURES DE SUPERFICIE.

NOMS DES NOUVELLES MESURES.	LEURS RAPPORTS AVEC L'UNITÉ FONDAMENTALE.	VALEURS EN MESURES ANCIENNES.
	mètres.	toises q.
Myriare.	1000000 ou Kilomètre quarré.	263244·9ɔ
Kilare.	100000	26324·49
Hectare.	10000 ou Hectomètre quar.	2632·45
Décare.	1000	263·25
Are.	100 ou Décamètre quar.	26·33
Déciare.	10	2·63
Centiare.	1 Mètre quarré.	0 toise q. 263
Décimètre quarré.	0·01	0 pied q. 095
Centimètre quarré.	0·0001	0 pouc. q. 136
Millimètre quarré.	0·000001	0 ligne q. 197

Des mesures cubes, ou de solidité et de capacité.

1° Des mesures de solidité.

L'unité de solidité est le *Mètre cube*, qui répond à 29 pieds cubes, 1739.

Il se divise en 1000 *Décimètres cubes*, le Décimètre cube, en 1000 *Centimètres cubes.*

Le Mètre cube et ses subdivisions remplacent la Toise cube, le Pied cube, etc., dans le toisé des solides. Ainsi la solidité ou mesure des pierres, des corps massifs, etc., doit s'exprimer en mètres cubes, décimètres et centimètres cubes.

Quand il s'agit de mesurer les bois de chauffage et de charpente, le mètre cube est de même employé, mais sous la dénomination de *Stère*, mot dérivé du grec, et qui signifie *solide*. Dans ce dernier cas, le Mètre cube ou *Stère* se divise en 10 *Décistères*.

Le décistère vaut donc 1000 Décimètres cubes.

2° Des Mesures de capacité.

Quand il s'agit de mesurer les liquides, les grains, etc., on se sert du *Litre*, dont la capacité est celle d'un Décimètre cube, c'est-à-dire, la millième partie du Mètre cube, et qui répond à 50 pouces cubes, 4124.

Le Litre se divise en 10 *Décilitres*; le Décilitre en 10 *Centilitres*; le Centilitre, en 10 *Millilitres*.

Le Millilitre vaut donc un Centimètre cube.

Les multiples décimaux du Litre sont les suivans :

10 Litres font 1 *Décalitre*; 10 Décalitres, 1 *Hectolitre*; 10 Hectolitres, 1 *Kilolitre*.

Le Kilolitre vaut donc 1 Mètre cube.

12

Le Décalitre, le Litre, et ses subdivisions remplacent le muid, la velte, la pinte, etc., qui servaient à mesurer les liquides.

L'Hectolitre, et les autres multiples décimaux du Litre, remplacent le muid, le setier, le boisseau, etc., qui servaient à mesurer les grains et autres matières sèches.

TABLEAU DES NOUVELLES MESURES DE SOLIDITÉ ET DE CAPACITÉ.

NOMS DES NOUVELLES MESURES.		LEURS RAPPORTS AVEC L'UNITÉ FONDAMENTALE.	VALEURS EN MESURES ANCIENNES.
mesures de capacité,	mesures correspondantes de solidité	mètre cub.	pieds cube.
Kilolitr. Mètre cube.	Stère de bois.	1	29·1739
Hectolitre.	Décistère.	0·1	2·9174
Décalitre.		0·01	0·2917
			pouces cub.
LITRE décimètre cube.		0·001	50·4124
Décilitre.		0·0001	5·0412
Centilitre.		0·00001	0·5041
Millilitre. Centimètre cube.		0·000061	0·0504

Des Mesures de Pesanteur et de Poids.

L'unité de Poids est le *Gramme*. Sa valeur est le poids d'un Centimètre cube d'eau distillée, c'est-à-dire, le poids de la millionième partie d'un cube de cette eau, pesée dans le vide, à la température où elle est à son *maximum* de condensation (*). Il répond à 0 deniers, 7845 de l'ancien poids de marc.

Le Gramme se divise en 10 *Décigrammes*; le Décigramme, en 10 *Centigrammes*; le Centigramme, en 10 *Milligrammes*.

Le Milligramme est le poids de Millimètre cube d'eau.

Les multiples décimaux du Gramme sont les suivans :

10 Gramme font un *Décagramme*; 10 Décagrammes, 1 *Hectogramme*; 10 Hectogrammes, 1 *Kilogramme*, 10 Kilogrammes, 1 *Myriagramme*.

Le Kilogramme est le poids du Décimètre cube d'eau.

Le Gramme, ses subdivisions et ses multiples décimaux, remplacent l'ancienne livre, l'once, le gros, le denier, le grain, etc. et en général tous les poids anciens.

On se sert du Gramme et de ses subdivisions pour exprimer des poids très-petits ou qui doivent être rapportés avec beaucoup de précision et d'exactitude, comme dans la pesée de certains médi-

(*) Vers—4 degrés du thermomètre centigrade; c'est-à-dire, du thermomètre divisé en 100 degrés depuis le terme de l'eau bouillante jusqu'à celui de la glace fondante. La même division est continuée au-dessous de ce terme qui est marqué par 0. Les degrés au-dessous de la glace sont distingués de ceux au-dessus, par le signe —.

caments, dans celle du diamant, dans les essais de l'or et de l'argent, etc. (*).

On se sert des multiples décimaux du Gramme, pour exprimer des poids plus considérables.

TABLEAU DES NOUVEAUX POIDS.

NOMS DES NOUVELLES MESURES.	LEURS RAPPORTS AVEC L'UNITÉ FONDAMENTALE.	VALURS EN MESURES ANCIENNES.
	grammes.	li. poids de m
Myriagramme.	10000	20·4288
Kilogramme.	1000 Poids du Décimètre cu. d'eau.	2·0429
		onces.
Hectogramme.	100	5·2686
	10	gros.
Décagramme.		2·6149
GRAMME.	1 Poids du centimètre cu. d'eau.	den. 0·7845
		grains.
Décigramme.	0·1	1·883
Centigramme.	0·01	0·188
Milligramme.	0·001 Poids du mill. cub. d'eau.	0·019

Des Monnaies.

L'unité monétaire se nomme FRANC, et diffère de l'ancienne unité qui portait le même nom et plus souvent celui de *Livre* (tournois) dont on se servait pour caractériser la monnaie précédemment frappée en France. Il se rattache au Mètre, par le Gramme, c'est-à-dire, par son poids; car le Franc est une pièce d'argent du poids de cinq Grammes. Il contient neuf dixièmes d'argent pur, et un dixième d'alliage de cuivre; il répond à un livre et trois deniers tournois.

Le Franc vaut 10 *décimes*.

Le Décime est une pièce de cuivre qui pèse deux décagrammes, et vaut 10 *Centimes*.

Le centime est une petite monnaie également de cuivre, et qui pèse deux grammes.

Ainsi le Franc vaut 100 *Centimes*.

On voit que, pour exprimer les subdivisions décimales du Franc on n'a pas composé avec cette unité et les mots déci, centi, milli, des mots analogues à ceux des Mesures linéaires, quarrées, cubes, ou des poids. On s'est contenté de donner à ces subdivisions

(*) C'est cette considération qui a fait choisir une unité de poids aussi petite que le Gramme; et pour mesurage des liquides, etc., une unité de capacité aussi petite qu'est le Litre.

un mot propre, dérivé seulement de leur rapport décimal avec l'unité.

On n'a point formé de multiples décimaux du Franc; on a seulement frappé des pièces d'un Franc, de deux Francs, de cinq Francs, on en a frappé aussi d'un demi Franc et d'un quart de Franc.

La pièce de cinq Francs, pèse vingt-cinq Grammes, et répond à 5 livres 1 sou 2 deniers tournois.

A l'égard du titre, ou degré du fin des Matières d'or et d'argent, on suppose le titre le plus fin égal à l'unité, et on détermine le degré d'alliage, en dixièmes, centièmes et millièmes d'unité.

Du Cercle, et du Jour astronomique.

Pour compléter la réforme des anciennes Mesures, on a appliqué la division décimale à la circonférence du cercle, et à la durée du Jour astronomique.

La circonférence du Cercle se divisait autrement en 360 degrés ou chaque Quart de Cercle, en 90 degrés; le degré, en 60 minutes; la minute en 60 secondes, la seconde en 60 tierces, etc. On divise maintenant cette circonférence, en 400 *degrés décimaux;* ou chaque Quart de Cercle, en 100 *degrés décimaux*, qui répondent chacun à 54 minutes de l'ancienne division.

Le degré décimal, qui est ici l'unité fondamentale, se divise en 100 *minutes décimales.*

La minute en 100 *secondes décimales.*

TABLEAU DE LA NOUVELLE DIVISION DU CERCLE.

NOMS DES NOUVELLES MESURES.	LEURS RAPPORTS AVEC L'UNITÉ FONDAMENTALE.	VALEURS EN DEGRÉS DE L'ANCIENNE DIVISION.
	degrés.	degrés.
Circonférence.	400	360
Quart du Cercle.	100	90
		minutes.
Degré décimal.	1	54
Minute décimale.	0·05	32 secondes 4 déc.
Seconde décimale.	0·0001	0 seconde 324 cen.

Il résulte de la nouvelle division du Cercle, que le quart du Méridien terrestre étant de 5130740, toises (comme il est rapporté ci-dessus); ou de 10000000 mètres, le degré décimal terrestre est de 100000 mètres (10 myriamètres) et répond à 51307 toises, 4.

La minute décimale terrestre, est de 100 mètres (1 kilomètre et répond à 513 toises, 074.

La seconde décimale terrestre, et de 10 mètres (1 décamètre) et répond à cinq toises, 13074.

La tierce décimale terrestre, et un décimètre, et répond à 3 pouces, 69413.

La quarte décimale terrestre, est un millimètre, et répond à 0 lignes, 44329.

La durée du jour astronomique était partagée en 24 heures ; l'heure, en 60 minutes, la minute en 60 secondes, etc.

On la divise en 10 heures décimales ; l'heure, en 100 minutes décimales ; la minute, en 100 secondes décimales.

1 heure décimale répond à 2 heures 24 minutes de l'ancienne division.

TABLEAU DE LA NOUVELLE DIVISION DU JOUR ASTRONOMIQUE.

NOMS DES NOUVELLES MESURES.	LEURS RAPPORTS AVEC L'UNITÉ FONDAMENTALE.	VALEURS EN HEURES, MINUTES, etc., DE L'ANCIENNE DIVISION.
Jour.	heures. 10	heures. 24
Heure.	1	2 heures 24 min.
Minute décimale.	0'01	1 minute 48 cent.
Seconde décimale.	0.0001	0 minute 0144.

Application des Principes du nouveau Système, à quelques usages de la Marine.

Le quart de la boussole se divise en dix aires de vent, et l'aire de vend en dix degrés.

Le nœud ou division du Loc vaut la seconde décimale terrestre ou 10 mètres (1 décamètre) et répond à 5 toises, 13074 ou 3 pieds 685.

On prend pour le poids du tonneau de mer, celui du mètre cube d'eau distillée, qui vaut mille kilogrammes et répond à 2043 lb environ poids de marc.

CALCULS DES NOUVELLES MESURES.

Des Décimales.

On entend par *décimales*, des parties de dix en dix fois plus petites que l'unité choisie.

Pour se faire une idée exacte des décimales, il faut observer que, d'après notre système de numération, les unités de chaque chiffre (dans un nombre composé de plusieurs,) ont une valeur de dix en dix fois plus grande, en allant de droite à gauche ; et qu'elles ont, au contraire, une valeur de dix en dix fois plus petite, en allant de gauche à droite.

Prenant pour exemple un nombre composé de deux chiffres, celui de gauche exprime des unités dix fois plus grandes que celui de droite ; et réciproquement, celui de droite exprime des unités dix fois plus petites que celui de la gauche.

Or, si on met une virgule, un point ou tout autre signe entre ces deux chiffres, à l'effet d'indiquer que celui de gauche au lieu d'exprimer des dizaines, n'exprime que des unités simples, le chiffre de droite placé après la virgule aura une valeur dix fois plus petite que s'il était au rang de ces unités simples ou entiers : il exprimera donc des unités d'un nouvel ordre et qui seront dix fois plus petites que l'entier ou l'unité choisie. Ces nouvelles unités sont appelées *dixièmes*, et forment le premier rang des décimales.

Si l'on ajoute un chiffre à la droite des dixmes, ce nouveau chiffre n'altérera pas la valeur des chiffres des entiers, ni celle du chiffre des dixièmes, valeur fixées par la virgule ; et il exprimera des unités dix fois plus petites que les dixièmes, par conséquent cent fois plus petites que l'unité choisie. Ces unités nouvelles, du second ordre, sont appelées *centièmes*, et occupant le second rang des décimales.

Un autre chiffre placé à la droite des centièmes, exprimera par la même raison, des unités dix fois plus petites que les centièmes, par conséquent cent fois plus petites que les dixièmes, et mille fois plus petites que l'unité choisie. Ces unités nouvelles, du troisième ordre, sont appelées *millièmes*, et forment le troisième rang des décimales.

De nouveaux chiffres ajoutés à la droite des décimales déjà formées, expriment successivement des unités de dix en dix fois plus petites, que l'on appelle *dix-millièmes*, *cent-millièmes*, *millionièmes*, etc., et qui forment de nouveaux rangs de décimales.

Par exemple, 24 exprime vingt-quatre entiers ou deux unités.

Mais avec la virgule : 2,4 vaut deux entiers et quatre dixièmes d'entier.

2,45 vaut *deux* entiers *quatre* dixièmes d'entier et *cinq* centièmes d'entier, ou plus simplement (puisque un deuxième vaut dix centimes), 2,45 vaut *deux* entiers et *quarante-cinq* centièmes d'entier.

2,454 vaut *deux* entiers *quatre* dixièmes *cinq* centièmes et *quatre millièmes* d'entier, ou *deux* entiers et *quatre cent cinquante-quatre* millièmes d'entier.

12,045 vaut *douze* entiers et *quarante-cinq* millièmes d'entier.

0,25 vaut *vingt-cinq* centièmes d'entier.

0.0005 vaut *cinq* dix-millièmes d'entier.

On voit par les premiers exemples ci-dessus, qu'après avoir énoncé les entiers d'un nombre qui renferme des décimales, on peut énoncer la quantité décimale de deux manières : 1°. en exprimant chaque chiffre décimal séparément, et ajoutant pour le premier rang des décimales le mot *dixième*; pour le second rang, le mot *centième*; pour le troisième rang, le mot *millième*, etc.; 2°. en exprimant en un seul nombre tous les chiffres de la quantité décimale, et ajoutant à la fin le nom des unités décimales de la dernière espèce.

La formation des décimales est, ainsi qu'on vient de le voir, semblable à celle des nombres entiers.

Il en est de même du calcul des décimales, il ne diffère pas du calcul des nombres ordinaires ou entiers. Il faut avoir seulement le soin, après chaque opération, de placer la virgule ou le signe indicateur des unités simples, d'une manière convenable et que nous allons faire connaître.

Pour l'*addition* ou la *soustraction* des quantités décimales, on écrit les nombres les uns au-dessous des autres, de manière que les virgules se répondent, et faisant l'addition ou la soustraction, comme si les quantités étaient des nombres entiers, on place la virgule au même rang où elle est dé à dans les nombres supérieurs.

Pour la *multiplication*, on écrit les deux nombres à multiplier sans avoir égard à la virgule, et comme si c'étaient deux nombres entiers; on fait ensuite la multiplication, et l'on sépare dans le produit, au moyen de la virgule, autant de chiffres vers la droite qu'il y a de décimales en tout dans la multiplicande et dans le multiplicateur.

Pour la *division*, on écrit à la suite de celui des deux nombres proposés qui a le moins de décimales, autant de zéros qu'il en faut pour que le nombre des décimales soit la même dans chacun. On fait ensuite la division sans avoir égard à la virgule, et le quotient indique des entiers. S'il y a un reste, et qu'on désire une valeur plus rapprochée, on ajoute à ce reste ou au dividende, un ou plusieurs zéros, suivant le degré d'exactitude auquel on veut atteindre. Ils donneront, en continuant la division, un ou plusieurs chiffres décimaux que l'on ajoutera au quotient.

Application du Calcul des décimales, aux nouvelles mesures.

Les nouvelles mesures étant divisées et subdivisées en parties de dix en dix fois plus petites, il en résulte que le calcul des décimales peut leur être appliqué immédiatement dans toutes les opérations d'arithmétique auxquelles on veut les soumettre.

Nous allons présenter divers exemples de cette application; mais nous ferons remarquer auparavant quelques propriétés et abréviations qui découlent de notre système de numération, ainsi que les changemens qu'on peut faire naître dans un nombre, par le seul déplacement de la virgule.

Un nombre qui renferme des décimales ne change pas de valeur, si l'on écrit à sa droite autant de zéros qu'on voudra, ou si l'on efface les zéros qui pourraient être à sa droite.

Ainsi 14,4 est la même chose que 14,40, ou 14,400, ou, 14,4000, etc. Réciproquement, 0,170000 valent simplement 0.17.

Un nombre entier, ou un nombre qui renferme des décimales, ne change pas de valeur, si on écrit à sa gauche autant de zéros qu'on voudra, ou si l'on efface les zéros qui pourraient être à la gauche d'un nombre entier, ou à la gauche du zéro qui occupe la place des entiers dans une quantité décimale.

Ainsi 27 est la même chose que 027, ou 0027, etc. 3,51, ou 03,51, 003,51 sont des quantités égales entre elles. Il en est de même des quantités 0,028, 00,028 000,028. Réciproquement, 00000033 égale 33 entiers; 0000,59 égale 0,59.

Puisque la virgule détermine la place des unités simples, et que tous les autres chiffres ont des valeurs dépendantes de leur distance à cette même virgule, si l'on avance la virgule d'une, deux, trois, etc., places vers la gauche, on rendra le nombre, 10, 100, 1000, etc., fois plus petit, et au contraire on le rendra 10, 100, 1000, etc.; fois plus grand, si l'on recule la virgule d'une deux, trois, etc. places vers la droite.

On multiplie donc ce nombre qui renferme des décimales, par 10, 100, 1000, etc., en avançant la virgule d'autant de places ou de chiffres vers la droite qu'il y a de zéro au multiplicateur. On la divise de même par 10, 100, 1000, etc., en reculant la virgule vers la gauche d'autant de places ou de chiffres qu'il y a de zéros au diviseur.

Si le nombre à multiplier ne contient que des entiers, on le multiplie par 10, 100, 1000, etc. en ajoutant à sa droite un, deux, trois, etc., zéro, c'est-à-dire, autant qu'il y en a au multiplicateur. On le divise par 10, 100, 1000, etc., en séparant vers la gauche autant de chiffres qu'il y a de zéros au diviseur.

Ainsi 10 fois 43 font 450, 1000 fois 657 font 657000; 100000 fois 471 font 47100000.

10 fois 2,45 font 24,5, 100 fois 0,0035 font 0,35; 10000 fois 2,5 valent 1000 fois 25, et font par conséquent 25000.

Le dixième de 475, ou 475 divisé par 10, donne pour quotient 47,5, la dix-millième partie de 53, ou 00053 (qui est la même chose que 53) divisé par 10000, égale 0,0053; la millième partie de 0.8712, ou 0000,8712 divisé par 1000, égale 0,0008712.

Nous aurons souvent occasion d'employer ces abréviations et transformations dans le calcul des nouvelles Mesures.

Dans les quantités décimales, on sépare les unités simples des dixièmes, par une virgule ou par un point supérieur. Dans les calculs des nouvelles mesures on emploie cette manière de séparer et de distinguer l'unité, de ses subdivisions, conjointement avec l'indicateur ou abréviateur de cette unité.

Ainsi pour représenter trois francs deux décimes et quatre centimes, ou plus simplement, trois francs vingt-quatre cent. on écrit

fr.   fr.

2,27 ou 3·24 Pour exprimer vingt mètres sept décimètres et huit centimètre, ou plus simplement, vingt mètres et soixante-dix-

mt.

huit centimètres, on écrit 20 78, et ainsi des autres.

Lorsqu'une des subdivisions de l'unité se trouve nulle, on met un zéro à la place; si l'on n'avait, par exemple, que des mètres, des décimètres et des millimètres, on mettrait un zéro à la place des décimètres qui manquent.

Ainsi, 71m. 506 signifiant soixante et onze mètres cinq et décimètres et six millimètres; ou plus simplement, soixante et onze mètres et cinq cent six millimètres.

De même, quand il n'y a point d'unité simple ou d'entiers, on met un zéro avant la virgule ou avant le point.

EXEMPLES D'ADDITION.

Addition de francs, décimes et centimes.

fr.	dme.	ime.		fr.
36	7	5		36·75
21	8	6		21·86
29	6	7		29·67
32	4	7		32·47
fr.	dme.	ime.	ou	fr.
Total. 120	7	5		120 75.

Addition de Mesures de longueur.

met.	dmt.	imt.		mt.
17	4	7		17·47
21	0	6		21·06
99	8	4		99·84
12	5	9		12·59
mt.	dmt.	imt.	ou	met.
Total. 150	9	6		150·96

Addition de Poids.

gr.	dgr.	cgr.		gr.
23	3	4		23 34
91	5	6		91 56
39	4	1		39 41
20	0	6		20·06

	gr.	dgr.	cgr.	ou	gr.
Total.	174	3	7		174·37

☞ Si l'on n'avait à ajouter que des subdivisions de l'unité principale, on pourrait prendre pour unité, la plus grande de ses subdivisions. Exemples.

	dem.	cmt.	mmt.	dmmt.	dmt.
	5	4	3	5	5·435
	8	7	6	3	8·763
	4	9	5	4	4·954
Total.	19	1	5	2	19·152

	myr.	kgr.	hgr.	dgr.	gr.	dégr.	myrgr.
	7	4	8	9	8	7	7·48987
	5	6	7	3	2	2	5·67322
	9	5	6	4	5	1	9·56451
Total.	22	7	2	7	6	0	22·72760

Addition de mesures de superficie.

	har.	décar.	ar.	dar.	har.
	3	2	5	6	3·256
	4	7	3	2	4 732
	5	8	9	3	5 893
Total.	13	8	8	1	13·881

	mt. q.	dmt q.	cmt q.	mmt q.	mt q.
	2	2	6	5	2·020605
	7	75	39	27	7·753927
	11	93	89	11	11·938911
Total.	21	71	34	43	21·713443

Addition de mesures de capacité.

	l.	dl.	cl.	ml.	l.
	12	7	8	3	12·783
	15	3	5	5	15·355
	8	7	8	6	8·786
Total.	36	9	2	4	36·924

Addition de mesures de solidité.

mt c.	dmt.	dmt.		mt c.
36	7	22		36.007022
25	125	960		25·125960
3	702	873		3·702873
Total. 64	835	955		64·835855

EXEMPLES DE SOUSTRACTION

fr.	dme.	cme.		fr.
26	5	5		26·55
17	8	7		17.87
Reste. 8	6	8		8·68

ar.	dar.	ca.		ar.
37	3	7		37·37
25	4	9		25·49
Reste. 11	8	8		11·88

mt q.	dmt q.	cm q.		mt q.
20	3	10		20·0310
12	75	47		12·7547
Reste. 7	27	63		7·2763

mtc.	dmtc.	cmtc.		mtc.
11	27	7		11·027007
10	188	992		10·188992
Reste.	838	15		0·838015

EXEMPLES DE MULTIPLICATION.

On sépare au produit autant de décimales sur la droite, qu'il y en a au multiplicande et au multiplicateur.

A raison de 27 fr. 85 la chose,
Combien 43 choses quelconques?

        8355
       11140
       _____
Produit 1197·55 ou 1197 fr. 5 décim. 5 cent.

A raison de 35 fr. le mètre,
Combien 9 mètres.
Produit 515 fr.

fr.
A raison de 23·26 le kilogramme ,
k.
Combien   12·736

13956
6978
16282
4652
2326

296·23936 ou 296 fr. 24 cent. environ.

On n'a pas toujours besoin de toutes les décimales qu'un nombre renferme. Quand on veut en supprimer plusieurs , comme
dans ce dernier exemple , alors pour avoir une valeur qui ne diffère pas de la véritable d'une demi-unité de l'ordre du dernier
chiffre conservé, il faut augmenter ce dernier chiffre d'une unité,
toutes les fois que le premier chiffre de la partie négligée est égal
à 5, ou lorsqu'il surpasse 5.

On voit par-là que le calcul décimal engage quelquefois à se
contenter d'approximation dans ces résultats, en sorte qu'il arrive
souvent que le multiplicande et le multiplicateur ne sont que des
nombres approximatifs. Dans ce cas , le produit est aussi nécessairement approximatif, et l'on est forcé d'y retrancher toutes
les décimales d'un degré moindre que celui des unités les plus
basses du multiplicande. On peut alors employer la méthode abrégée que donne Bezout dans son Arithmétique (n° 55).

Les grandes unités se convertissent en unités plus petites par la
multiplication. Cette conversion s'opère aisément dans les nouvelles mesures, en faisant mouvoir la virgule ou le point supérieur
vers la droite.

Si l'on veut convertir 47 kilogrammes 3 hectogrammes 1 décagramme 8 grammes 8 décigrammes, successivement en hectogrammes, décagrammes, grammes, décigrammes, on aura
kilo.   hecto.   deca.   gr.
47·3188 égal à 473·188 égal à 4731·88 égal à 47318·8 égal à
déci.
473188 ; 27 mètres quarrés 3 décimètres quarrés 75 centimètres
            m q.   déc q. cent q. déc q. cent q. centi q.
quarrés, valent 27   03   75   ou 2703 75 ou 270375 ; 35
mètres cubes 78 décimètres cubes, valent 35078 décimètres cubes,
ou 35078000 centimètres cubes.

On opérera de la même manière pour convertir toute autre espèce de mesure nouvelle, en ses subdivisions décimales.

EXEMPLES DE DIVISION.

Lorsque le diviseur est un nombre entier , on sépare dans le
quotient autant de décimales sur la droite qu'il y a de décimales
au dividende. S'il y a aussi des décimales au diviseur , on séparera autant de décimales au quotient , que le dividende en contient
de plus que le diviseur. S'il y avait plus de décimales dans le di-

viseur que dans le dividende, on mettrait à la suite du dividende un nombre de zéros suffisant pour que le nombre de décimales soit le même dans l'un et dans l'autre.

Toutes ces règles peuvent se réduire à celle que nous avons rapportée ci-dessus page 184 : elle est simple et facile, elle a de plus l'avantage d'écarter toute distinction.

On trouve l'application de ses diverses règles dans les exemples suivans :

213 mètres coûtent 1829.67; combien le mètre?

fr.

```
 1829.67 | 213
  1704   | 8 59 ou 8 fr. 59 cent.
  ─────
  1256
  1065
  ─────
  1917
  1917
  ─────
    0
```

6·5 d'eau-de-vie coûtent 160.55, combien le décalitre ?

décal.   fr.

```
 16055 | 650
  130  | 24 7 ou 24 fr. 7 décim.
 ─────
  305
  260
 ─────
  455
  455
 ─────
   0
```

21·82 coûtent 506 fr., combien le décalitre ?

décal.

```
 50600 | 2182
 4364  | 23·189 ou 23 fr. 19 cent. environ.
 ─────
 6960
 6546
 ─────
  4140
  2182
 ─────
 19580
 17456
 ─────
 21240
 19638
 ─────
  1602
```

6·52 d'or coûtent 1499·6, combien l'hectogramme ?

kgr.   fr.

```
 149960 | 652
  1304  | 230
 ──────
  1956
  1956
 ──────
   00
```

On emploie la division pour convertir les petites unités en plus grandes. Cette conversion est très-simple dans les nouvelles mesures. Il suffit de faire mouvoir le point supérieur vers la gauche. Par exemple :

mmt.	cm.	dmt.	mt.	décamt.

3.839 valent 3283·9, ou 328·39, ou 32·839, ou 3·2839, que l'on peut écrire ainsi : 3 décamètres 2 mètres 8 décimètres 5 centimètres 9 millimètres.

De la Réduction des mesures anciennes en nouvelles, et des mesures nouvelles en anciennes.

EXEMPLE.

Si le pied d'une étoffe coûte 17 fr. , quel sera le prix du mètre ?

La valeur du mètre en pieds est 3·078444. Multipliant cette quantité par 17, le produit est 52 fr. 33 cent. environ pour le prix du mètre lorsque le pied vaut 17 fr. (Voyez le tableau des nouvelles mesures de longueur).

$$
\begin{array}{r}
3 \cdot 078444 \\
17 \text{ fr.} \\
\hline
21\,549108 \\
30\,78444 \\
\hline
52 \cdot 333548
\end{array}
$$

Si l'hectare d'un terrain se vend 1834 fr. , à combien revient l'arpent ?

La valeur de l'arpent en hectares , 0,51072. Multipliant cette quantité par 1834, on a 936 fr. 66 cent. environ pour le prix de l'arpent.

$$
\begin{array}{r}
0 \cdot 51072 \\
1834 \text{ fr.} \\
\hline
204288 \\
153216 \\
403576 \\
51072 \\
\hline
936 \cdot 66048
\end{array}
$$

Valeurs de quelques anciennes mesures en mesures nouvelles.

Lieue terrestre de 25 au deg. 2280 toises 2 pieds = 4·44445 kilomèt.

Lieue marine de 20 au deg. 2850 toises 2 pieds 2 pouc. 6 lign. = 5·55557 kilomètres.

Lieue de poste 2000 toises = 3·89807 kilomètres.

Toise 6 pieds = 1·949037 mètres.

Pied = 0·32483g mètres.

Aune de Paris. = 1·188446 mètres.

Canne d'Avignon 6 pieds 1 pouce = 1·9761 mètres.

Canne de Marseille = 2·0129 mètres.

Arpent, Eaux et For. 48400 pieds qu.=0·5·0720 hectares.
Toise quarrée 36 pieds quarrés=3·798744 mètres quarrés.
Pied quarré=0·1055207 mètres quar.
Salmée d'Avignon 1733 cannes qu. arp.=0·6829 hectares.
Quartérée de Marseille=0·2051 hectares.
Pied cube=34·27726 litres.
Muid de vin 288 pintes de Paris=268·21952 litres.
Pinte de Paris=0·93132 litres.
Pinte d'Avignon=0·876 litres.
Pinte de Marseille=1·073 litres.
Muid de blé 144 boiss. de Paris.=1873·195 litres.
Boisseau de Paris=13·008 litres.
Salmée d'Avignon=199·635 litres.
Panal de Marseille=19·345 litres.
Quintal 100 livres poids de marc=48·9500 kilogrammes.
Livre même poids=0·4895 kilogrammes.
Quintal d'Avignon poids de romaine=40·7922 kilogram.
Livre d'Avignon même poids=0.4079 kilogram.
Quintal de Marseille poids de romaine=40·8431 kilogr.
Livre tournois 20 sols=0·987654 fr.
Sou 12 deniers=0·049383 fr.
Denier=0·004115 fr.
Degré de l'ancienne division du cercle=1·111111 dég. déc.
Minute=0·018519 déc.
Seconde=0·000309 dég. déc.

Valeurs des petits élémens des mesures nouvelles, exprimées en mesures anciennes.

1 millimètre=0·4433 ligne.
1 millimètre quarrée=0·1965 ligne quarrée.
1 millimètre cube=0·0871 ligne cube.
1 milligramme=0·188 grain poids de marc.
1 centime=2·43 denier tournois.
1 seconde décim. (Circonfér. 400)=0·324 seconde anc.
1 seconde jour de 10 heur.=9.864 seconde ancienne.

Valeurs des petits élémens des mesures anciennes, exprimées en mesures nouvelles.

1 ligne=2·2558 millimètres.
1 ligne quarrée=5·0888 millimètres quarrés.
1 ligne cube=11·4794 millimètres cubes.
1 grain poids de marc=53·1148 milligrammes.
1 denier tournois=0·4115 centimes.
1 seconde circonfér. 360 deg.=3·0864 secondes décimales.
1 seconde jour de 24 h.=1·1574 secondes décim.

On peut, au moyen de ces *valeurs*, obtenir celle de tout autre espèce de mesure ancienne, dont le rapport avec une des mesures précédentes serait connu.

Sachant, par exemple que l'aune de Paris égale 3 pieds 7 pouces 10 lignes $\frac{5}{6}$ ou 526,8333, etc.; on multiplie par ce rapport la valeur de la ligne exprimée en mesures nouvelles. Le produit 1,1884459 est la valeur de l'aune en millimètres.

Divisant 1 mètre ou 1000 millimètres par cette valeur de l'aune en millimètres, le quotient 0.8414 est la valeur du mètre en parties décimales de l'aune.

Si l'on veut connaître la valeur d'une quantité décimale, en subdivisions d'une mesure ancienne, on multipliera les chiffres décimaux seulement, par le nombre qui marque en combien de parties se divise l'unité principale de cette mesure ancienne. Puis on retranchera, dans le produit, par un point supérieur, autant de chiffres à droite qu'il y a de chiffres décimaux dans la partie multipliée, et l'on aura à gauche du point le nombre des premières subdivisions. En opérant de la même manière sur les nouvelles décimales, en les multipliant par le nombre qui marque en combien de parties une de ces premières divisions se divise, et retranchant toujours vers la droite le même nombre de chiffres par un point supérieur, on aura à gauche du point, le nombre des secondes subdivisions. On continuera de même pour trouver les autres. Mais on observera que le nombre décimal étant presque toujours approximatif, il ne faut pas chercher dans la transformation d'approximation plus grande que celle qui est fournie par le nombre à transformer.

liv.
Exemple : évaluer la partie décimale du nombre 167.5158, en onces, gros, deniers et grains poids de marc.

Il faut savoir que la livre ancienne vaut 16 onces, l'once 8 gros, le gros 3 deniers, le denier 24 grains. On multipliera donc, d'après la règle ci-dessus, 5158 par 16, en retranchant du produit les onces.
quatre chiffres de droite, on aura 8·2528. Multipliant 2528 par 8, gros.
et retranchant quatre chiffres du produit, on aura 2·0224. Multideniers.
pliant 0224 par 3, on aura 0·0672; enfin 0672 multiplié par 24 grains.
donnera 0.6128. Réunissant tous ces résultats, on trouvera que livres.
167·5158, valent 8 onc. 2 gros 0 den. 1 gr. à très-peu de chose près.

TABLE DES ABRÉVIATIONS DES NOMS DE MESURES ET DE P IDS.

❋

Mètre.	mt.	Myria.	myr.
Are.	a.	Kilo.	k.
Litre.	l.	Hecto.	h.
Stère.	st.	Déca.	déc.
Gramme	gr.	Déci.	dc.
Franc.	fr.	Centi.	c.
Décime.	dme.	Milli.	m.
Centime.	cme.	Décimal.	dml.
		Quarré.	q.
		Cube.	cb.

FIN.

TABLE DES PRINCIPES.

La quantité est tout ce qui est susceptible d'augmentation ou de diminution, nº 1.

L'arithmétique est la science des nombres, nº 2.

L'unité est le terme de comparaison de toutes les quantités de même espèce, nº 4.

Le nombre exprime combien il y a d'unités ou de parties d'unités dans une quantité, n. 5.

Le nombre abstrait est celui qui n'est appliqué à aucune espèce déterminée, n. 6.

Le nombre concret est toujours appliqué à quelque espèce de chose, n. 6.

La numération est l'art d'énoncer et de représenter les nombres, n. 7.

La numération actuelle est fondée sur ce principe de convention, que si plusieurs chiffres sont rangés sur une même ligne, les unités représentées par chacun de ces chiffres, valent dix fois plus que celles du chiffre à la droite, et dix fois moins que celles du chiffre à la gauche, n. 15.

Les nombres incomplexes ne se rapportent qu'à une seule espèce d'unité, n. 16.

Les nombres complexes expriment des quantités dont les parties sont comparées à différentes unités, n. 18.

Les décimales sont des parties de dix en dix fois plus petites que l'unité : on les exprime par des chiffres placés à la droite des unités, et séparés d'elle par une virgule, n. 21.

Un nombre devient dix fois plus grand ou plus petit, à mesure que la virgule avance ou recule d'un rang vers la droite ou vers la gauche, n. 28.

L'addition est une opération par laquelle on exprime, par un seul nombre, la valeur totale de plusieurs nombres de même espèce, n. 33.

La soustraction est une opération par laquelle on trouve le reste, l'excès ou la différence de deux nombres de même espèce, n. 33.

La multiplication est une opération par laquelle on répète un nombre autant de fois qu'il y a d'unités dans un autre, n. 40.

Le nombre que l'on répète s'appelle *multiplicande*; celui qui indique combien de fois on le répète, se nomme *multiplicateur*: et l'on appelle *produit*, le résultat de la multiplication, n. 41.

On appelle *facteurs* les nombres que l'on multiplie l'un par l'autre, n. 42.

La multiplication est une addition réitérée du multiplicande, autant de fois qu'il y a d'unités dans le multiplicateur, n. 43.

Le produit est toujours de même nature que le multiplicande, n. 47.

Dans la multiplication des parties décimales, le produit doit avoir autant de chiffres décimaux qu'il y en a en tout dans les deux facteurs, n. 54.

La division est une opération par laquelle on cherche combien de fois un nombre est contenu dans un autre, n. 59.

Le nombre qu'on divise, s'appelle *dividende*; celui par lequel on divise, *diviseur*; et celui qu'on trouve *quotient*, n. 59.

Le dividende est toujours égal au produit d'une multiplication dont le diviseur et le quotient seraient facteurs, n. 59.

Le complément arithmétique d'un nombre, est la diférence entre ce nombre et l'unité suivie d'autant de zéros qu'il y a de chiffres dans ce nombre, n. 246.

Par l'usage des complémens arithmétiques ; on change les soustractions en additions, et on ramène les logarithmes des fractions aux mêmes règles que l'on suit pour ceux des nombres entiers, n. 246.

FIN DE LA TABLE DES PRINCIPES.

TABLE DU COMMENTAIRE.

FIN.

LIMOGES, IMP. ARDANT.

www.ingramcontent.com/pod-product-compliance
Lightning Source LLC
Chambersburg PA
CBHW060540210326
41519CB00014B/3286